高校数学の
不都合な真実

素因数分解と円周率のはなし

有木　進 著

共立出版

まえがき

　数学教育に関わり、かつ数学の専門教育を受けた者ならば誰でもある時点で気づくことではあるが、日本の中学・高校での数学教育は「習うより慣れよ」や「人を見て法を説け」を旨としている。そのため論理的思考力はあまり育たないとも言えるが、他方で、見よう見まねでも問題が解けるようになれば、やはり解けること自体はうれしいものであり、数学を嫌いにならないとも思うので、現実に即した教育方針であることに異存はない。さはさりながら、数学は論理的思考力を涵養する科目であるので、問題を解くときに使ってよい命題がなぜ成り立つかという説明が重要で、その説明が中学や高校のレベルを超えるものについては何が論理的に問題かだけでも指摘しておきたい。しかし、ここで極めて重要な事実に触れなければならない。それは、教える側の数学教員が正しい論理を理解していないことも多いということである。本書はその課題を改善するための大海の一滴を目指して執筆した。本書ではふたつの具体例を取り上げて説明する。

　前半では、因数分解を取り上げ、とくに自然数と多項式の因数分解の一意性の正しい証明を高校数学の範囲内で説明したい。

　因数分解の一意性については昔から数学科3年次で教えているにもかかわらず、高校では間違った証明が流布している。それどころか、数学科以外の学生を対象とした、大学で使われる教科書でさえ間違えているという現状がある。このように書くだけでは事態の深刻さが伝わらないかもしれないので、この現状をふたつの例で示そう。具体例を挙げないと伝わらないと思うので例を挙げるが、建設的な批判は必要だと思うのでご容赦願いたい。前者の例は高校教員向けの出版物で

あり、後者は影響力のある大学が編纂した学術出版物であるだけに、建設的批判を通じて修正すべき点を周知したいと考えている。

　最初の例は、数学を学ぶ意義や指導法について述べた図書である。書かれている内容は教育現場の現実に即したアドバイスに満ちており、教育学的には極めて良い本なのであるが、素数の定義を「1 と自分自身以外に約数をもたない自然数を素数と呼ぶ」としたのち、とても残念なことに、その次の頁で以下のような主旨の記述がなされている。

> 整数環 $\mathbb{Z}$ において素数は素元である。すなわち、ある自然数 p が
>
> $$p|ab \Longrightarrow p|a \text{ または } p|b$$
>
> をみたすならば、p の（正の）約数は 1 と p だけである。

しかし、すなわち以降の主張は整数に限らず極めて広い範囲（整域）で成り立つのであって、その直前の「素数が素元になる」という主張を定義に従って書くと

> ある自然数 p に対し、p の（正の）約数が 1 と p だけであるならば、
>
> $$p|ab \Longrightarrow p|a \text{ または } p|b$$
>
> という性質をみたす。

となる。これは、この図書で著者が書いた命題の逆である。

　もうひとつの例はトップクラスの大学が工学系向けに出版している代数学の教科書である。上記の例では、間違っているとはいえ少なくとも、ふたつの性質

(i) p の（正の）約数は 1 と p だけである。

(ii) 「$p|ab \Longrightarrow p|a$ または $p|b$」という性質をもつ。

がまったく違うものであるにもかかわらず、整数という特別な例に対しては同値な性質になるため整数の素因数分解の一意性が成り立つ

こと、つまり素因数分解の一意性が成り立つことを証明するためには
「素数が素元になること」（自然数 p が前頁の (i) の性質をもてば、(ii)
の性質もみたすこと）を示す必要がある、という論理の流れ自体は意
識されている。一方で、この教科書の定理（素因数分解の一意性）の
証明ではその意識さえない。すなわち、示すべき (ii) の性質を前提に
説明を進めている。そして、この証明が実際に高校で流布している間
違った（この言い方が言い過ぎならば、"論理的に不完全な"）証明で
ある。この書籍の次の頁において「素数がもつ別の性質について述べ
る」として素元の性質（(ii) の性質）を述べたうえで、整数環 $\mathbb{Z}$ では
このふたつの性質は同値であるが、その他の代数系ではかならずしも
一致するとは限らないこと、そして以降の章ではこのふたつの特徴を
明確に区別して議論することが書かれている。しかし、なぜ整数に対
しこのふたつの性質が同値であるかの説明はないので、定理（素因数
分解の一意性）の証明が証明になっていない。それのみならず、この
素元という性質自体を定理より前で触れていない以上、定理の証明の
中でこの同値性を使っている意識さえないように思われるのである。
上記要約箇所のコメントのように、以降で扱うことになる一般の整域
に対してだけ区別するのではなく、当然ながら整数に対してもこのふ
たつの性質を区別しなければならない。この書籍では、著者は次のよ
うに書くべきであったと考える。

> 定理（素因数分解の一意性）の証明は実は証明になっていな
> い。なぜなら、ここでは素数の定義とは違う性質が暗黙裡に
> 使われており、素数に対してこの性質が成り立つことを証明
> する必要があるからである。歴史的には、素因数分解の一意
> 性の正しい証明を与えることを目的として一意分解整域の理
> 論が生まれた。この定理の正しい証明は、有理整数環 $\mathbb{Z}$ が
> ユークリッド整域になること、ユークリッド整域が単項イデ
> アル整域であること、および単項イデアル整域が一意分解整

域であることを用いて与えられる。

　本書では、このような一般論ではなく、整数と多項式に対象を絞ることで、証明をやさしくした。

　高校までの数学教育は、正しい計算をするのに必要な論理だけを教えることが目的になっていることが多いので、因数分解を計算するだけに留まっていれば間違いは起きない。しかし、なぜ計算がうまくいくかの説明を試みたときに、理解が足りず問題が起きたわけである。素数と素元は同じ"素"という漢字を使っているため、素数は素元であると誤解するのだと思うが、素数と呼ぶのは歴史的由来によるもので、現代数学の立場からすれば素数は既約数と呼ぶべき概念である。本書では、高校で素数と呼んでいたもの（性質 (i) をみたす自然数）を既約数と呼び、性質 (ii) をみたす自然数を素数と呼ぶ。

　本書後半では、我々の住んでいる現実世界と数学モデルの違いを明確に意識してもらい、平面の数学モデルの中で円周率がどう定義されるかを説明する。

　高校数学では物理的直感により存在を仮定している概念（面積、体積、曲線の長さなど）があり、その結果として論理的飛躍がある。物理的直感に頼る部分を排除して数学モデルの中でのみ論理が完結するように理論を構成することが必要なのである。たとえば、直線を実数の集合 $\mathbb{R}$ と同一視することがよく行われるが、直線の微細な構造を見るためナノレベル（100 億分の 1）の世界に移ったとすると、実数では単に小数点の位置を動かすだけで見える風景は同じであるが、現実には量子力学の世界に移っており、もはや実数を直線と同一視することはない。この世界では、複素数値関数が波動関数として使われるなど、別の形での複素数や実数の使い方になる。実数は直線をよく近似した数学モデルなので誤解するかもしれないが、このように数学モデルと現実の物理世界はあくまで違うものであり、この数学モデルの中では、物理的にはありえないことが起こりうることも証明できる。

たとえば、あとがきに書いたバナッハ・タルスキーの定理がその例である。

　以上からわかるように、数学モデルが提示する世界が現実世界とは違う以上、物理とは独立に論理展開できる必要がある。本書では円周率と三角関数を取り上げて説明する。

　さて、円周率は難しい概念である。物理的には円周と直径の比として定義されるが、他方で、円周率が何百億桁計算されたとの報道も耳にする。しかし、後者は数学モデルを用いて定義された円周率を指し、実際に巨大な円を作って計測したわけではないから、円周率を数学モデルの中で定義する必要がある。数学モデルの中で円周率を円周と直径の比として定義するためには、曲線分の長さを数学モデルの中で定義する必要がある。しかし、高校の範囲では難しい内容なので、小学校で物理的に円周率を教えて近似値が 3.14 になることを確認したあとは、これ以上円周率の定義に触れず先に進む方針が取られている。その結果、弧度法を用いた三角関数も数学モデルの中できちんと定義されないまま進むことになる。

　本書では、高校生になじみのある積分については基本定理を認め、積分を用いて数学モデルの中で円周率、三角関数、指数関数を定義して行く。積分については大学 1 年の解析学の教科書で厳密な理論を学ぶので、それを足すだけで論理的に完全になるように考えた構成になっている。導出過程は本文に譲り結論だけ書くと、本書では円周率を

$$\pi = 2 \int_0^1 \frac{dt}{\sqrt{1 - t^2}}$$

と定義する。そして、弧度法に基づき三角関数を定義するためには、まず逆三角関数を定義し、その逆関数として三角関数を定義する必要があることを見る。

　また、高校の教科書では

$$\lim_{\theta \to 0} \frac{\sin \theta}{\theta} = 1$$

を扇形と中心角を共有する大小の三角形の面積を比較して証明する
が、この証明は高校数学の中では循環論法であり、つねに批判されて
きた。批判される理由と高校数学の範囲での解決策、および高校数学
を超えて純粋に数学モデルの中だけでどう証明するかについても併せ
て説明する。

　本書の前半と後半は独立に読むことができる。素因数分解の一意性
が成り立つ理由をぜひ学んでほしいが、多項式の素因数分解の一意性
の証明は変数の個数に関する帰納法によるもので、読むのに少し苦労
するかもしれない。しんどいと思ったら、多項式の素因数分解の一意
性については証明の概略を眺めるだけで済ましてかまわないと思う。

　現実世界は論理どおりには進まない。その困難の中で論理的に動く
部分を切り取ろうとするのが数学である。将来どんなに自動証明の技
術が進んだとしても、間違った論理に基づいた定理が自動証明される
ことはない。実際のところ、数学の歴史はそのような定理の反例が見
つかる歴史でもあった。

　近年の AI の長足の進歩には驚くばかりであるが、AI がネット情報
の統計的処理に依存していて、人類の多数派が間違った証明を信じて
いる限りは、AI が正しい論理を教えてくれるとは限らない。

　論理のみで動く仮想世界を作るために苦闘する数学者の試みに対し
ロマンを感じていただければ著者にとっても望外の喜びである。

2024 年 2 月吉日

目　次

I

素因数分解のはなし

1章

素因数分解とは何か

1.1 因数分解と既約分解

　整数の因数分解や多項式の因数分解を中学・高校で学んだことと思います。それらをどう使うかを説明されないまま学ぶので、整数や多項式自体の操作に興味がわかないときは「なぜ学ぶか意味不明だ」と言いたくなると思いますが、たとえば一変数多項式から定まる方程式の複素数解が制御系の安定性を支配したり、もっと数に対する理解が進めば、暗号や符号の理論に使われたりすることに気づいたりすることもあるでしょう。このように応用上重要であるのみならず、因数分解は数学理論全般の基礎をなす概念なのです。

　ここで整数と多項式を比較する形で定義を復習してみましょう。

定義 1.1　1 と異なる自然数 p が素数とは、p を割り切る非零整数が 1 または p の ± 1 倍（つまり $\pm 1, \pm p$）に限るときをいう。

　整数の中で逆数[1]も整数になるのは ± 1 に限ることに注意しておきます。2 以上や -2 以下の整数の逆数は整数にはなりませんよね。

定義 1.2　定数と異なる多項式 $f(x_1, \ldots, x_n)$ が **既約多項式** とは、$f(x_1, \ldots, x_n)$ を割り切る非零多項式が 1 または $f(x_1, \ldots, x_n)$ の非零定数倍に限るときをいう。

　多項式の中で、逆数（逆多項式と呼んだほうがよいかもしれません

---

[1] 1 をその整数で割って得られる有理数を元の整数の逆数と呼びます。つまり a の逆数は $\frac{1}{a}$ です。

ね）も多項式になるのは、0 と異なる定数多項式に限ることを注意しておきます。

　定義が似ていることに気づくと思います。しかし、定義が似ているにも関わらず、一方では"素"と呼び、他方では"既約"と呼ぶので、統一がとれていません。実は $2, 3, 5, 7, \ldots$ を素数と呼ぶのは歴史的由来によるものであって、本来は整数のときも多項式のときも"既約"と呼ぶべきなのです。このことは単なる名称の変更にとどまらず、本質的に重要な違いであることをこれから説明していきます。そこでまず、下記のように既約数という概念を定義して、素数と素多項式という名称はあとで定義する別の概念のために取っておきましょう。

定義 1.3　1 と異なる自然数 p が**既約数**とは、p を割り切る非零整数が 1 または p の ± 1 倍に限るときをいう。

注 1.1　整数 p が既約数とは、$p \neq \pm 1$ で p を割り切る非零整数が ± 1 と $\pm p$ に限るときをいいます。

　さて、整数を既約数の積に表すことと、多項式を既約多項式の積に表すことをともに素因数分解と呼びます。ここでも"素"という言葉が出てきますね。しかし、"素"という概念と"既約"という概念が違うこと、そして、その違いを理解することが既約分解の一意性を正しく理解するために必須であることを説明したいので、ここでは"素"因数分解の代わりに"既約"分解と呼ぶことにしましょう。

1.2　既約な整数と整数の既約分解の例

　既約数であることをどう確認するかを考えることから始めましょう。

◆例 1.4　$p = 2, 3, 5, 7, \ldots$ は既約数です。このことを証明するにはどうすればよいでしょうか。

　たとえば $p = 5$ を考えましょう。2 以上 4 以下の数の積を表にす

ると

×	2	3	4
2	4	6	8
3	6	9	12
4	8	12	16

となります。この中に 5 は出てきません。一方が 5 以上でもう一方が 2 以上のふたつの自然数の積が 5 になることはないので、2 以上の自然数の積が 5 なら両方とも 4 以下です。すると表から、2 以上のふたつの自然数の積が 5 になる可能性がないことがわかります。5 を割り切る非零整数を a とし、5 を a で割って得られる非零整数を b とすると、$a, b > 0$ のとき $\min(a, b) \geq 2$ が起こらないことを示しましたが、同様に考えれば $a, b < 0$ のとき $\max(a, b) \leq -2$ が起こらないことがわかります[2]。ゆえに、$a = \pm 1$ または $b = \pm 1$ の可能性しかありません。以上の考察から 5 が既約数であることが証明できました。

　実は与えられた自然数 n が既約数であることを確認するには "PRIMES is in P" という有名な論文があり、計算量が $\log n$ の多項式オーダーで判定できるのですが、これはかなり理論的な興味によるもので、素朴な方法としてはこのような原始的なやり方で十分なのです。既約数を小さい順に見つけていくエラトステネスのふるいと呼ばれる方法では、$2, \ldots, n$ から、2 の倍数、3 の倍数、と順番に一番小さい数の倍数を消していきます。今の場合、$2, 3, 4, 5$ から 2 の倍数を消すと $3, 5$ が残り、次に 3 の倍数を消すと 5、となり、5 しか残らないので既約数です。ただし、途中からは残った数を順に消していくだけになるので、計算の無駄を省くために $\sqrt{n}$ までの数の倍数を考えます。

◆**例 1.5**　5 より大きい自然数でもやってみましょう。$n = 41$ とします。用意する数列は $2, 3, 4, \ldots, 39, 40, 41$ です。

---

[2] 整数 a と b に対し、整数の順序に関して小さい方を $\min(a, b)$、大きい方を $\max(a, b)$ と書きます。$a = b$ のときは $\min(a, b) = \max(a, b) = a = b$ です。

(i) 数列の中で最小の 2 を考える。$2 \times 2 \leq 41$ なので 2 の倍数を消すと、

$$3, 5, 7, 9, 11, 13, 15, 17, 19, 21, 23, 25, 27, 29, 31, 33, 35, 37, 39, 41$$

と数列が更新される。

(ii) 残った数のうち最小の 3 を考える。$3 \times 3 \leq 41$ なので 3 の倍数を消すと、

$$5, 7, 11, 13, 17, 19, 23, 25, 29, 31, 35, 37, 41$$

と数列が更新される。

(iii) 残った数のうち最小の 5 を考える。$5 \times 5 \leq 41$ なので 5 の倍数を消すと、

$$7, 11, 13, 17, 19, 23, 29, 31, 37, 41$$

と数列が更新される。

(iv) 残った数のうち最小の 7 を考える。$7 \times 7 > 41$ なのでここで終了。数列に 41 が残っているので 41 は既約数である。より強く、(i), (ii), (iii) それぞれの最小の数 2, 3, 5 も既約数であり、(iv) では 7 以上 41 以下の既約数がすべてリストアップされている。

　自然数 n が既約数であることをエラトステネスのふるいで確認するには約 $n \log \log n$ 回計算すればよいことが知られています。

◆**例1.6**　12 の既約分解は、積の順序を無視すれば $2 \times 2 \times 3$ と $(-2) \times (-2) \times 3$ と $2 \times (-2) \times (-3)$ だけです。このことを証明するにはどうすればよいでしょうか。

　考え方は同じですが、負の整数が現れる既約分解は、絶対値をとれば自然数の既約分解になるので、まず既約分解を自然数の範囲で考

え、求まった既約分解に符号をつけることを考えればよいことに注意
します。

$\min(a, b) \geq 4$ ならば $ab = 12$ になりませんから、$2 \leq a \leq 3$ と
$2 \leq b \leq 11$ の積を表にすると

×	2	3	4	5	6	7	8	9	10	11
2	4	6	8	10	12	14	16	18	20	22
3	6	9	12	15	18	21	24	27	30	33

となります。この中に 12 は 2×6 と 3×4 で現れます。2 と 3 は既約
数ですから、6 と 4 に対し $ab = 6$ と $ab = 4$ を考えましょう。

- $\min(a, b) \geq 3$ なら $ab = 6$ になりませんから、$a = 2$ と $2 \leq b \leq 5$
  の積を表にすると

×	2	3	4	5
2	4	6	8	10

  となり積の順序を無視すれば $6 = 2 \times 3$ が唯一の可能性です。
  2 と 3 は既約数ですから 6 の既約分解が得られました。これを
  $12 = 2 \times 6$ に代入すると 12 の既約分解 $12 = 2 \times 2 \times 3$ が得られ
  たことになります。

- $\min(a, b) \geq 3$ なら $ab = 4$ になりませんから、$a = 2$ と $2 \leq b \leq 3$
  の積を表にすると

×	2	3
2	4	6

  となり積の順序を無視すれば $4 = 2 \times 2$ が唯一の可能性で、4 の
  既約分解が得られました。これを $12 = 3 \times 4$ に代入すると 12 の
  既約分解 $12 = 3 \times 2 \times 2$ が得られたことになります。順序を無視
  すればすでに得られた $2 \times 2 \times 3$ に一致しています。

与えられた整数に対して、符号の違いと積の順序を除けば既約分解
がひとつしかないとき、つまり絶対値をとったとき、自然数の範囲で

考え積の順序を無視すれば、既約分解がひとつだけのとき、既約分解
の一意性が成り立つといいます。今の例では 12 に対し既約分解の一
意性が成り立っています。しかし、ここまでの計算でわかるように、
既約分解を得るまでの道筋は複数あるので、違う道筋から違う既約分
解が得られても不思議はないのに、どういうわけか最後の答えはつね
に同じなわけです。既約分解の一意性がなぜ成り立つのか、理屈を知
りたいと思いませんか？　いったい、どのような整数の性質により既
約分解の一意性が成り立つのでしょうか。実は大学の数学科では、素
数を次のように定義すべきと習います。

定義 1.7　2 以上の自然数 p が次の性質をもつとき、p を**素数**と呼ぶ。

a, b を整数とするとき、ab が p で割り切れるならば a または
b が p で割り切れる。

もう一度強調しておきますが、高校で "素数" と呼んでいたものは
実は "既約数" と呼ぶべきものであり、上記の素数の定義をみたすか
どうかは非自明な問いなのです。しかし、既約分解の一意性（世間で
は素因数分解の一意性と呼ばれているもの）を示すには、（正の）既約
数が素数であることを仮定する必要があります。

定理 1.8　自然数 n の既約分解 $n = p_1 \cdots p_r$ と $n = q_1 \cdots q_s$ が与
えられているとする。ただし $p_1, \ldots, p_r, q_1, \ldots, q_s > 0$ とする。も
し（正の）既約数がつねに素数ならば $r = s$ かつ $\{p_1, \ldots, p_r\}$ は重
複度を込めて $\{q_1, \ldots, q_s\}$ に一致する。

（証明）最初に次の主張を s に関する帰納法で証明する。

（正の）既約数 p が $q_1 \cdots q_s$ を割り切るならば $p = q_i$ となる
$1 \leq i \leq s$ がある。

（正の）既約数が素数であることを仮定しているので、p が q_1 を割り

切るか p が $q_2 \cdots q_s$ を割り切るかのどちらかである。

- p が q_1 を割り切る場合、q_1 が既約数であることより q_1 を割り切る自然数は 1 と q_1 に限るが、既約数の定義より $p \geq 2$ なので $p = q_1$ である。

- p が $q_2 \cdots q_s$ を割り切る場合、帰納法の仮定により $p = q_i$ となる $2 \leq i \leq s$ がある。

次に r に関する帰納法で定理を証明しよう。n は p_1 で割り切れるから、主張より $p_1 = q_i$ となる $1 \leq i \leq s$ がある。$p_1 p_2 \cdots p_r = q_1 \cdots q_s$ の両辺を $p_1 = q_i$ で割って

$$p_2 \cdots p_r = q_1 \cdots q_{i-1} q_{i+1} \cdots q_s$$

とすれば、帰納法の仮定により $r - 1 = s - 1$ で、$\{p_2, \ldots, p_r\}$ は重複度を込めて $\{q_1, \ldots, q_s\}$ から q_i を除いた集合に一致する。   □

この定理により、既約分解の一意性を証明するには定理の仮定にある「既約数がつねに素数になる」ことを示す必要があります。ここが肝であり、既約分解の一意性が成り立つ理由です。次章では既約数がつねに素数になることを証明します。また第 3 章で、単に加法・減法・乗法があるだけでは既約分解の一意性が成り立たないことを反例を挙げて説明します。

1.3 既約な多項式と多項式の既約分解の例

次に、既約多項式であることをどう確認するかを考えましょう。

◆例 1.9 どのような多項式が既約多項式になるかは、多項式の係数が実数か複素数かで違ってきます。実数係数多項式 $x^2 + 1$ は、複素数係数多項式の積で書くことを許さないとすると既約多項式です。このことを証明するにはどうすればよいでしょうか。

$x^2 + 1$ を割り切る非零多項式が、1 と $x^2 + 1$ の非零定数倍以外にあったとしましょう。この多項式の次数は 2 以下ですが、2 次式なら $x^2 + 1$ の非零定数倍ですし、定数なら 1 の非零定数倍なので、この多項式は 1 次式です。そこで、$x^2 + 1 = (ax + b)(cx + d)$ と実数の範囲で因数分解されたとすると、$x^2 + 1 = 0$ に実数解が存在します。しかし x が実数から $x^2 + 1 \geq 1$ ですからこれは矛盾です。

複素数係数や実数係数の一変数多項式の場合は既約多項式がすべてわかります。

定理 1.10（代数学の基本定理）　$f(x)$ を複素数係数一変数多項式とする。$f(x)$ が既約多項式であることと $f(x)$ が 1 次式であることは同値である。

代数学の基本定理は大学初年次の解析学の知識があれば証明できますが、ここでは省略します。代数学の基本定理の系として次の定理も得られます。

定理 1.11　$f(x)$ を実数係数一変数多項式とする。$f(x)$ が既約多項式であることと $f(x)$ が次のどちらかの形の多項式の非零定数倍であることは同値である。

(i) $f(x) = x - c$ かつ c は実数

(ii) $f(x) = x^2 + ax + b$ かつ a, b は実数で判別式が負、つまり
$a^2 - 4b < 0$

◆例 1.12　$f(x)$ を有理数係数一変数多項式とします。$f(x)$ が既約多項式かどうか、つまり次数の低いどんな有理数係数一変数多項式でも割り切れない多項式かどうかを判定するにはどうすればよいでしょ

うか。

たとえば $f(x) = x^3 - x + 1$ を考えましょう。もし $f(x)$ が既約多項式でないとすると、$f(x)$ が 1 次式と 2 次式の積に因数分解されるはずなので、$f(x) = 0$ が有理数解をもちます。この有理数解を整数の比

$$x = \frac{p}{q}$$

で表し、分母を払えば $p^3 - pq^2 + q^3 = 0$ となります。ここで、約分することを考えれば、p と q がともに 3 の倍数になることはないと仮定してかまいません。また、1 または 2 が 3 の倍数になると絶対値を考えることで矛盾が生じますから 1 と 2 は 3 の倍数ではありません（ちなみにこの議論に既約分解の一意性は使っていません）。以下で p について場合分けして考えてみましょう。

(i) k を整数として $p = 1 + 3k$ のとき、

$$p^3 - pq^2 + q^3 = 1 + 9k + 27k^2 + 27k^3 - q^2 - 3kq^2 + q^3 = 0$$

より、$q^3 - q^2 + 1$ は 3 の倍数です。そこで l を整数として $q = 3l, 1 + 3l, -1 + 3l$ の場合に確かめてみると、どの場合も 3 の倍数にならないことがわかります。

(ii) k を整数として $p = -1 + 3k$ のとき、

$$p^3 - pq^2 + q^3 = -1 + 9k - 27k^2 + 27k^3 + q^2 - 3kq^2 + q^3 = 0$$

より、$q^3 + q^2 - 1$ は 3 の倍数です。しかし、l を整数として $q = 3l, 1 + 3l, -1 + 3l$ の場合に確かめてみると、やはり矛盾します。

(iii) k を整数として $p = 3k$ のとき、q^3 が 3 の倍数です。l を整数として $q = 3l, 1 + 3l, -1 + 3l$ の場合に確かめてみると、$q = 3l$ のときのみ 3 の倍数になりますが、このとき p と q がともに 3 の倍数に

なるので、p と q がともに 3 の倍数になることはない、としたことに矛盾します。

以上から、有理数の範囲で考えると $f(x) = x^3 - x + 1$ は既約多項式になります。

　より一般の有理数係数一変数多項式の既約性判定はだいぶ難しい問いになります。アイゼンシュタインの判定法などの十分条件が知られていることを記しておきます。

◆**例1.13**　実数係数多項式 $x^2 - y^2$ の既約分解は非零定数倍を除き $(x + y)(x - y)$ しかありません。このことを証明するにはどうすればよいでしょうか。

　勘違いしがちなので、論理を展開するに当たり注意すべき点を最初に記しておきます。中学・高校では、$x^2 - y^2 = (x + y)(x - y)$ を学びます。右辺を展開すれば左辺に一致しますし、$x + y$ と $x - y$ は 1 次式だからこれ以上因数分解できないこともわかります。つまり、$x + y$ と $x - y$ は既約多項式ですから、$x^2 - y^2 = (x + y)(x - y)$ は既約分解です。しかしこれはあくまで $x^2 - y^2$ の既約分解をひとつ見つけたということに過ぎません。問われているのは、これとは異なる $x^2 - y^2$ の因数分解がないかどうかです。

　さて、$x^2 - y^2$ は 2 次式ですから、因数分解できるとすれば 1 次式と 1 次式の積です。そこで、$\mathbb{R}$ を実数の集合として

$$x^2 - y^2 = (ax + by + u)(cx + dy + v) \quad (a, b, c, d, u, v \in \mathbb{R})$$

と書きましょう。両辺の 2 次の項を較べ、係数を比較すると、

$$ac = 1, \quad ad + bc = 0, \quad bd = -1$$

となるので、$(ad)^2 = -abcd = -(ac)(bd) = 1$ より $ad = \pm 1$ です。ゆえに、

$$(ax + by)(cx + dy) = \frac{1}{bd}(adx + bdy)(bcx + bdy)$$
$$= -(adx - y)(-adx - y)$$
$$= (adx - y)(adx + y)$$

つまり $(x - y)(x + y)$ または $(-x - y)(-x + y) = (x + y)(x - y)$ です。さらに、$uv = 0$ より $u = 0$ または $v = 0$ で、$u = 0$ なら 1 次の項は $v(ax + by)$、$v = 0$ なら 1 次の項は $u(cx + dy)$ となりますが、左辺に 1 次の項がなく、

$$\begin{cases} ax + by = \dfrac{1}{d}(adx - y) \\ cx + dy = \dfrac{1}{b}(-adx - y) \end{cases}$$

より $ax + by, cx + dy$ は $x \pm y$ の非零定数倍なので、$u = v = 0$ となります。よって、$x^2 - y^2$ の既約分解が非零定数倍を除いて $(x+y)(x-y)$ に限ることが示されました。

　多項式の場合に既約分解の一意性を示すには素多項式の概念を導入する必要があります。高校でなじんでいる実数係数多項式の場合をまず考えましょう。

定義 1.14　定数と異なる実数係数多項式 $f(x_1, \ldots, x_n)$ が次の性質をもつとき、$f(x_1, \ldots, x_n)$ を**素多項式**と呼ぶ。

> $g(x_1, \ldots, x_n), h(x_1, \ldots, x_n)$ を実数係数多項式とするとき、多項式の積 gh が f で割り切れるならば g または h が f で割り切れる。

注 1.2　既約数の定義では ± 1 倍を許していましたが、素数の定義では自然数に限ることで符号の不定性を除いていました。一変数多項式のときには、最高次の係数を 1 と決めることで非零定数倍の不定性を除くことができますが、多変数の場合はそういう自然な制限の仕方がないので、素多項式の定義では非零定数倍に関する制限をおかないことにしています。

　係数は四則演算ができれば何でもよく、複素数係数多項式にしても
素多項式の定義は同じです。さらに、分数式を係数とする多項式でも
かまいません。四則演算ができる集合で、加法と乗法の結合法則、交
換法則、分配法則や、0 と 1 の性質など、中学・高校で学ぶ計算規則
がそのまま成り立つものを**体**と呼びます。

定義 1.15　体 $\mathbb{F}$ を係数とする n 変数多項式の集合を $\mathbb{F}[x_1, \ldots, x_n]$ と
表す。

定理 1.16　$f \in \mathbb{F}[x_1, \ldots, x_n]$ の既約分解 $f = p_1 \cdots p_r$ と $f = q_1 \cdots q_s$ が与えられているとする。ただし $p_1, \ldots, p_r, q_1, \ldots, q_s \in \mathbb{F}[x_1, \ldots, x_n]$ である。もし既約多項式がつねに素多項式ならば $r = s$ かつ $\{p_1, \ldots, p_r\}$ の各多項式を非零定数倍することで重複度を込めて $\{q_1, \ldots, q_s\}$ に一致するようにできる。

　この定理の証明は整数の場合と同じようにできます。ゆえに、多項
式の既約分解の一意性を証明するには、定理の仮定にある「既約多項
式がつねに素多項式になる」ことを示す必要があります。ここが肝で
あり、既約分解の一意性が成り立つ理由です。第 4 章では既約多項式
がつねに素多項式になることを証明します。

2章

整数の既約分解の存在と一意性

2.1 拡張ユークリッド互除法

　整数の場合に既約分解の一意性が成り立つ理由は、実は整数の割り算の存在にあるのです。整数の割り算を用いると次の補題が成り立ちます。

補題 2.1　a を整数、b を自然数とする。このとき、整数 $q \in \mathbb{Z}$ と $0 \le r \le b-1$ をみたす整数 r が存在して、$a = bq + r$ となる。

　商 q と余り r はただひと通りに決まりますが、この事実は既約分解の一意性の証明には必要ありません。

定義 2.2　a, b を整数とする。自然数 g に対し、a, b が g の倍数、すなわち $a = a'g, b = b'g$ をみたす整数 a', b' が存在するとき、g を a, b の**公約数**と呼ぶ。最大の公約数を**最大公約数**[3]と呼び、$\gcd(a, b)$ と表す。

$$\gcd(-a, -b) = \gcd(-a, b) = \gcd(a, -b) = \gcd(a, b)$$

なので、最大公約数を考えるときは $a, b > 0$ のときを考えれば十分です。

---

[3] 英語では公約数を common divisor、最大公約数を greatest common divisor と呼びます。その頭文字をとって gcd という記号を使います。他方、最小公倍数は least common multiple と呼ぶので、a と b の最小公倍数を $\mathrm{lcm}(a, b)$ と書く習慣です。ただし、最小公倍数は"正の"公倍数の中で最小の数です。

　ふたつの整数の最大公約数を求めるアルゴリズムとしてユークリッド互除法が知られています。ここでは「既約数が素数になる」ことの証明に必要な拡張ユークリッド互除法を紹介しましょう。拡張ユークリッド互除法では、最大公約数 $\gcd(a, b)$ だけでなく $ax + by = \gcd(a, b)$ をみたす整数 x, y も 1 組求めます。

　$a, b > 0$ とします。$a = b$ ならば $\gcd(a, b) = a$ で $ax + by = a$ をみたす x, y として $x = 1, y = 0$ をとれますから、$a \neq b$ のときを考えればよく、$a < b$ なら a と b を交換すればよいので以下 $a > b$ と仮定します。

　拡張ユークリッド互除法では行列の積

$$\begin{pmatrix} x & y \\ z & w \end{pmatrix} \begin{pmatrix} a \\ b \end{pmatrix} = \begin{pmatrix} u \\ v \end{pmatrix} \quad (xw - yz = \pm 1, \ u > v \geq 0)$$

の成分 x, y, z, w, u, v を変化させていきます。言い換えれば、ふたつの等式

$$\begin{cases} xa + yb = u \\ za + wb = v \end{cases}$$

の成分 x, y, z, w, u, v を、$xw - yz = \pm 1, u > v \geq 0$ をみたしつつ更新していきます。

(1) x, y, z, w, u, v を次のように初期化する。

$$\begin{pmatrix} 1 & 0 \\ 0 & 1 \end{pmatrix} \begin{pmatrix} a \\ b \end{pmatrix} = \begin{pmatrix} a \\ b \end{pmatrix}$$

(2) $v = 0$ なら

$$\gcd(a, b) = u, \quad ax + by = \gcd(a, b)$$

　と出力して終了する。

(3) $v > 0$ なら $u = qv + r$ $(0 \le r \le v-1)$ となる商 q と余り r を求め

$$\begin{pmatrix} z & w \\ x - qz & y - qw \end{pmatrix} \begin{pmatrix} a \\ b \end{pmatrix} = \begin{pmatrix} v \\ r \end{pmatrix} \quad (v > r \ge 0)$$

と更新して (2) に戻る。

注 2.1 $z(y - qw) - w(x - qz) = -(xw - yz) = \pm 1$ であることに注意。

命題 2.3 a, b を $a > b$ をみたす自然数とする。拡張ユークリッド互除法は有限回の計算ののち a と b の最大公約数 $\gcd(a,b)$ と $ax + by = \gcd(a,b)$ をみたす整数 x, y を 1 組出力して終了する。

(証明) ステップ (3) で v が u を v で割った余りに更新されるから、自然数 v は真に減少して行く。ゆえに拡張ユークリッド互除法は有限回の計算ののち $v = 0$ に到達して終了する。このとき出力する u が本当に a と b の最大公約数かどうかを調べる必要がある。

- $xa + yb = u$ だから、自然数 g が a, b の公約数ならば整数 a', b' を用いて $a = a'g, b = b'g$ と書くことができて

$$u = xa + yb = (xa' + yb')g$$

より g は u の約数である。とくに $g \le u$ を得るから、a と b の最大公約数は $\gcd(a,b) \le u$ をみたす。

- 終了するときは

$$\begin{pmatrix} x & y \\ z & w \end{pmatrix} \begin{pmatrix} a \\ b \end{pmatrix} = \begin{pmatrix} u \\ 0 \end{pmatrix}$$

なので、$xw - yz = \pm 1$ に注意してこの連立方程式を解くと

$$\begin{pmatrix} a \\ b \end{pmatrix} = \pm \begin{pmatrix} w & -y \\ -z & x \end{pmatrix} \begin{pmatrix} u \\ 0 \end{pmatrix} = \pm \begin{pmatrix} wu \\ -zu \end{pmatrix}$$

となる。ゆえに u は a と b の公約数であり、$u \leq \gcd(a, b)$ が成り立つ。

以上から、$v = 0$ ならば u が最大公約数 $\gcd(a, b)$ になる。　　□

◆例2.4　$a = 51, b = 24$ として拡張ユークリッド互除法を実行してみましょう。初期化は

$$\begin{pmatrix} 1 & 0 \\ 0 & 1 \end{pmatrix} \begin{pmatrix} a \\ b \end{pmatrix} = \begin{pmatrix} 51 \\ 24 \end{pmatrix}$$

です。$u = 51$ を $v = 24$ で割ると商が $q = 2$ で余りが $r = 3$ なので

$$\begin{pmatrix} z & w \\ x - qz & y - qw \end{pmatrix} = \begin{pmatrix} 0 & 1 \\ 1 & -2 \end{pmatrix}$$

となり、

$$\begin{pmatrix} 0 & 1 \\ 1 & -2 \end{pmatrix} \begin{pmatrix} a \\ b \end{pmatrix} = \begin{pmatrix} 24 \\ 3 \end{pmatrix}$$

と更新されます。$u = 24$ を $v = 3$ で割ると商が $q = 8$ で余りが $r = 0$ なので

$$\begin{pmatrix} z & w \\ x - qz & y - qw \end{pmatrix} = \begin{pmatrix} 1 & -2 \\ -8 & 17 \end{pmatrix}$$

となり、

$$\begin{pmatrix} 1 & -2 \\ -8 & 17 \end{pmatrix} \begin{pmatrix} a \\ b \end{pmatrix} = \begin{pmatrix} 3 \\ 0 \end{pmatrix}$$

と更新されます。$v = 0$ なのでここで終了し、$\gcd(51, 24) = 3$ かつ $x = 1, y = -2$ に対し $51x + 24y = \gcd(51, 24)$ となります。

　この例でもわかるように、x, y を求めるために途中の計算過程を記録しておく必要はありません。そのような間違った計算方法を世に広める本もあるので、ここで強調しておきたいと思います。

定理 2.5　高校までの素数を既約数と呼び、整数 a, b の積 ab が p の倍数ならば a, b のどちらかが p の倍数になるとき、p を素数と呼んだことを思い出そう。

(1) 2 以上の自然数 p が素数ならば p は既約数である。

(2) 2 以上の自然数 p が既約数ならば p は素数である。

（証明）(1) p が既約数でないとすると、自然数 l, m が存在して

$$p = lm \quad (2 \leq l, m \leq p - 1)$$

をみたす。p は lm を割り切るから、p が素数であることより p が l を割り切るか p が m を割り切るかのどちらかである。前者のときは、整数 l' が存在して $l = pl'$ と書けるが、$p - 1 \geq |l| = p|l'| \geq p$ となり矛盾である。後者のときも整数 m' が存在して $m = pm'$ と書けるので、同様にして矛盾を得る。

(2) p が整数 a, b の積 ab を割り切るとする。a と p に対し拡張ユークリッド互除法を行うと、$d = \gcd(a, p)$ に対し $ax + py = d$ をみたす整数 x, y が求まる。d は p の約数だから、p が既約数との仮定より $d = p$ または $d = 1$ である。

- $d = p$ のとき、d は a の約数でもあるから a が p で割り切れる。

- $d = 1$ のとき、$ax + py = 1$ となるから、$b = abx + pyb$ は p で割り切れる。

以上から p が素数であることが証明された。　　　　□

　この定理により、自然数に対しては既約数＝素数であることがわかりましたが、証明には整数の割り算とユークリッド互除法が使われています。単に除法以外の四則演算が定義されていて中学・高校と同じ

計算ができるということだけでは既約分解の一意性は証明できないのです。次章では除法以外の四則演算が定義されている例として次のふたつ

$$\mathbb{Z}[i] = \{a + bi \mid a, b \in \mathbb{Z}\}, \quad \mathbb{Z}[\sqrt{-5}] = \{a + b\sqrt{5}i \mid a, b \in \mathbb{Z}\}$$

を考え、既約数と既約分解について見ていきます。ここで、$\mathbb{Z}$ とは整数の集合のことで、i は虚数単位です。$\mathbb{Z}[i]$ はガウス整数の集合と呼ばれます。

2.2 整数の既約分解の存在と一意性

中学・高校で整数の既約分解の具体例を計算したことがあると思います。中学・高校では、このような計算練習で得られた経験から既約分解の一意性を実感させることで、その事実を納得させる教育手法が取られています。しかし、全人類が過去に計算したすべての例を数えてもその数は有限個に過ぎないわけで、すべての整数に対し既約分解の一意性が成り立つことを示すには証明が必要です。まず既約分解の存在を示しましょう。

補題 2.6　任意の自然数は既約分解（＝素因数分解）をもつ。すなわち既約数の積の形に書ける。

（証明）既約分解をもたない自然数が存在するとし、この自然数を n とおく。すると n は既約数ではないから、自然数 l, m が存在して $n = lm$（$2 \leq l, m < n$）と書ける。もし l, m が既約分解をもつとすると n も既約分解をもち仮定に反するから、l, m のどちらかは既約分解をもたない。次に既約分解をもたないほうに同じ議論を適用する。以下同じことを繰り返すと既約分解をもたない自然数の減少列が無限に続くことになるがこれは不可能である。　　　　　　　　　　　　　　□

定理 1.8、定理 2.5、補題 2.6 を併せれば、目標とした次の定理が成り立ちます。

定理 2.7 任意の整数に対し、素因数分解の存在と一意性が成り立つ。

くどいようですが、定理 2.7 の素因数分解は世間の呼び方で、本書でいう既約分解のことです。既約分解の一意性とは ±1 倍の違いを無視したとき既約分解がただひとつであることをいうのでした。

3章

因数分解を考えられる枠組み

3.1 可換環と整域

　中学・高校では、分数、小数、分数式の計算はすべて同じ計算規則に従うことを学びます。そこで、14 頁でも触れましたが、四則演算のみたすべき規則を公理化して、この規則をみたす集合を**体**と呼びます。有理数の集合 $\mathbb{Q}$ や実数の集合 $\mathbb{R}$ は体の例です。

　ただし、体は除法が定義されているため、0 以外のすべての数はお互いの倍数であり約数になります。つまり、因数分解という概念は意味をもたず、既約分解を議論するには別の環境設定が必要なのです。そこで、除法以外の四則演算が定義されている数の集合とは何かを明確に公理化しておきます。この公理化で得られる概念が可換環および整域です。

定義 3.1　集合 R に加法と乗法と呼ばれる 2 項演算

$$R \times R \longrightarrow R : (a,b) \mapsto a + b$$
$$R \times R \longrightarrow R : (a,b) \mapsto ab$$

が定義されていて、次の条件をみたすとき**可換環**と呼ぶ。

(1) 加法の結合法則と交換法則が成り立つ。

(2) 乗法の結合法則と交換法則が成り立つ。

(3) 加法と乗法の関係として分配法則が成り立つ。

(4) 零元と呼ばれる R の要素 $0 \in R$ が存在して

  (i)　$a + 0 = a = 0 + a \ (a \in R)$ が成り立つ。

  (ii) $a \in R$ に対し $a + (-a) = 0 = (-a) + a$ をみたす R の要素 $-a$ が存在する。

(5) 単位元と呼ばれる 0 と異なる R の要素 $1 \in R$ が存在して

  (i)　$a1 = a = 1a \ (a \in R)$ が成り立つ。

乗法の場合、加法と違い (ii) がないことに注意しよう。可換環がさらに次の規則をみたすとき整域と呼ぶ。

- $a, b \in R$ が $ab = 0$ をみたすならば、$a = 0$ または $b = 0$ である。

整数の集合 $\mathbb{Z}$ や $\mathbb{Q}[x_1, \ldots, x_n], \mathbb{R}[x_1, \ldots, x_n]$ などの多項式の集合は、この整域という環境設定で与えられた規則で計算が実行される集合の例です。

◆**例3.2**　整数 D が平方数でない、つまり整数の 2 乗とならないとします。このとき、複素数の集合 $\mathbb{C}$ の部分集合

$$\mathbb{Z}[\sqrt{D}] = \{a + b\sqrt{D} \mid a, b \in \mathbb{Z}\}$$

を考えると、これは複素数の加法と乗法で閉じており、$\mathbb{Z}[\sqrt{D}]$ の 2 項演算が複素数の加法と乗法として定義されます。複素数の計算規則を思い出せば上記の公理をみたすので、$\mathbb{Z}[\sqrt{D}]$ は整域です。

定義3.3　R を可換環とする。$a \in R$ が**可逆元**または**単元**とは $aa' = 1$ となる $a' \in R$ が存在するときをいう。

◆**例3.4**　整数の集合 $\mathbb{Z}$ の可逆元は ± 1 です。実数係数多項式の集合 $\mathbb{R}[x_1, \ldots, x_n]$ の可逆元はすべての非零実数です。

定義3.5　R を可換環とする。$a \in R$ が**既約元**とは、a が可逆元ではなく、$a = bc$ $(b, c \in R)$ のとき、b, c のどちらかが可逆元のときをいう。つまり、非可逆元 a が非可逆元 b, c を用いて $a = bc$ と書けないとき a を既約元と呼ぶ。

◆例3.6　$R = \mathbb{Z}$ ならば既約元とは既約数のことです。$\mathbb{F}$ が体で $R = \mathbb{F}[x_1, \ldots, x_n]$ ならば既約元とは既約多項式のことです。

定義3.7　R を整域とする。$a \in R$ に対し、可逆元 ϵ と既約元 $p_1, \ldots, p_r$ を用いて $a = \epsilon p_1 \cdots p_r$ と書けるとき、この書き方を a の**既約分解**と呼ぶ。

定義3.8　R を整域とする。任意の $a \in R$ に対し次の性質が成り立つとき、R の既約分解の一意性が成り立つという。ただし、ϵ と η は可逆元、$p_1, \ldots, p_r$ と $q_1, \ldots, q_s$ は既約元である.

> $a = \epsilon p_1 \cdots p_r$ と $a = \eta q_1 \cdots q_s$ が既約分解ならば、$r = s$ かつ可逆元 $c_1, \ldots, c_r$ が存在して $\{c_1 p_1, \ldots, c_r p_r\}$ が重複度を込めて $\{q_1, \ldots, q_s\}$ に一致する。

たとえば、$\mathbb{F}$ が体で $R = \mathbb{F}[x_1, \ldots, x_n]$ ならば、$\mathbb{F}$ を定数と思い、非零定数倍のずれを無視すれば $a = \epsilon p_1 \cdots p_r$ となる既約多項式 $p_1, \ldots, p_r$ が重複度を込めてただひと通りに定まるということです。

定義3.9　R を可換環とする。可逆元でない元 $p \in R$ が**素元**とは、$a, b, c \in R$ に対し、$ab = cp$ となるならば、$a = a'p$ となる $a' \in R$ が存在するか、または $b = b'p$ となる $b' \in R$ が存在するか、のどちらかがかならず成り立つときをいう。

　2章で説明したように、既約分解の存在を示すには既約元（の定義）を用い、既約分解の一意性を示すには素元という性質を用いるので、既約分解の一意性を示すには

「既約元＝素元」

を証明する必要があります。しかもこの同値性は無条件には成立しないのです。以下では、$\mathbb{Z}[\sqrt{D}]$ を考え、$D = -1$ のとき既約分解の一意性が成り立ち、$D = -5$ のとき既約分解の一意性が成り立たないことを示しましょう。

3.2 ガウス整数環

$\mathbb{Z}[i] = \{z = x + yi \in \mathbb{C} \mid x, y \in \mathbb{Z}\}$ をガウス整数環と呼びます。複素数は $z = x + yi$ $(x, y \in \mathbb{R})$ を $(x, y) \in \mathbb{R}^2$ に対応させることで平面上の点と思うことができ、この平面を複素平面またはガウス平面と呼ぶのでした。$\mathbb{C}$ をガウス平面 $\mathbb{R}^2$ と同一視するとき、ガウス整数は整数格子

$$\mathbb{Z}^2 = \{(a, b) \in \mathbb{R}^2 \mid a, b \in \mathbb{Z}\}$$

に他なりません。ガウス整数の絶対値を複素数の絶対値 $|z| = \sqrt{z\overline{z}} = \sqrt{x^2 + y^2}$ で定めます。$z, w \in \mathbb{Z}[i]$ に対し $|zw| = |z||w|$ が成り立ちます。

補題 3.10 $a, b \in \mathbb{Z}[i]$ かつ $b \neq 0$ に対し、$q, r \in \mathbb{Z}[i]$ が存在して $a = qb + r$ かつ $|r| < |b|$ とできる。q を商と呼び、r を余りと呼ぶ。

(証明) 複素数の割り算を考え、

$$\frac{a}{b} = x + yi \in \mathbb{C} \quad (x, y \in \mathbb{R})$$

と書き、$m - \frac{1}{2} \leq x < m + \frac{1}{2}$, $n - \frac{1}{2} \leq y < n + \frac{1}{2}$ となるように $m, n \in \mathbb{Z}$ を選ぶ。$q = m + ni \in \mathbb{Z}[i]$ とおけば、$(x - m)^2 + (y - n)^2 < 1$ より

$$|a - qb| = |(x + yi)b - (m + ni)b|$$
$$= |(x - m) + (y - n)i||b| = \sqrt{(x - m)^2 + (y - n)^2}|b| < |b|$$

だから、$r = a - qb$ とおけば $r \in \mathbb{Z}[i]$ で、$a = qb + r$ かつ $|r| < |b|$ である。 $\square$

　たとえば $a = 5, b = 2$ としましょう。このとき、$a = bq + r$ が $(q, r) = (2, 1)$ と $(q, r) = (3, -1)$ に対して成り立つので、上記の定義での商 q と余り r は一意的には定まりません。しかし既約分解の一意性を示すにはそれで十分なのです。

定義 3.11　$a, b \in \mathbb{Z}[i]$ かつ $b \neq 0$ とする。$a = bc$ となる $c \in \mathbb{Z}[i]$ が存在するとき、a を b の**倍数**、b を a の**約数**と呼ぶ。

定義 3.12　$a, b \in \mathbb{Z}[i]$ とする。$g \in \mathbb{Z}[i]$ が a の約数かつ b の約数のとき、g を a と b の**公約数**と呼ぶ。

定義 3.13　$a, b \in \mathbb{Z}[i]$ とする。a と b の公約数のなす集合の中で絶対値が最大のものを**最大公約数**と呼ぶ。g が最大公約数ならば $-g$ や g に虚数単位を掛けた $\pm gi$ も最大公約数である。

定義 3.14　$p \in \mathbb{Z}[i]$ が $|p|^2 \geq 2$ をみたすとする。p の約数が $\pm p$, $\pm pi$, ± 1, $\pm i$ に限られるとき、p を**既約数**と呼ぶ。

定義 3.15　$p \in \mathbb{Z}[i]$ が $|p|^2 \geq 2$ をみたすとする。$a, b \in \mathbb{Z}[i]$ に対し p が ab の約数ならば、p が a の約数になるか p が b の約数になるかのどちらかがかならず成り立つとき、p を（ガウス整数環の）**素数**と呼ぶ。

注 3.1　$|p|^2 = 1$ ならば $p = \pm 1, \pm i$ なので p は可逆なガウス整数です。逆に p が可逆なガウス整数ならば $q \in \mathbb{Z}[i]$ が存在して $pq = 1$ となりますから、$|p|^2 |q|^2 = 1$ より $|p|^2 = 1$ になります。つまり、$|p|^2 \geq 2$ は可逆元でないという条件ですから、上記の定義は $\mathbb{Z}[i]$ の既約元と素元の定義そのものです。

◆例 3.16　$p = 1 + i \in \mathbb{Z}[i]$ は素数です。実際、$a, b \in \mathbb{Z}[i]$ に対し積 ab が p の倍数とすると、つまり、ある $c \in \mathbb{Z}[i]$ に対して $ab = pc$ だとすると、$|a|^2 |b|^2 = 2|c|^2$ ですが、整数に対してはすでに既約分解の一意性を示してあるので、$|a|^2$ または $|b|^2$ が偶数になります。ここで、

$a = x + yi$ に対し $x^2 + y^2$ が偶数とすると、x, y がともに偶数かともに奇数かのどちらかになることに注意します。ゆえに $x \pm y$ は偶数とわかり、

$$q = \frac{1}{2}(1 - i)(x + yi) = \frac{x + y}{2} + \frac{-x + y}{2} i \in \mathbb{Z}[i]$$

だから、$a = pq$ より a が p の倍数になります。同様に、$b = x + yi$ に対し $x^2 + y^2$ が偶数ならば b が p の倍数になります。

3.3　ガウス整数の拡張ユークリッド互除法

　ガウス整数の割り算を使えば、ガウス整数に対しても拡張ユークリッド互除法が考えられます。整数の場合と実行手順は同じで、$a, b \in \mathbb{Z}[i]$ の最大公約数 $\gcd(a, b)$ と $ax + by = \gcd(a, b)$ をみたす $x, y \in \mathbb{Z}[i]$ を求めるアルゴリズムです。ただし、$|a| < |b|$ のときは a と b を交換して $|a| > |b|$ にし、$|a| = |b|$ のときは $a = qb + r$ となる $q, r \in \mathbb{Z}[i]$ を求めて、(a, b) を (b, r) に更新して $|a| > |b|$ にしてから拡張ユークリッド互除法を適用します。以下 $|a| > |b|$ と仮定し、整数のときと同様、

$$\begin{pmatrix} x & y \\ z & w \end{pmatrix} \begin{pmatrix} a \\ b \end{pmatrix} = \begin{pmatrix} u \\ v \end{pmatrix} \quad (xw - yz = \pm 1,\ |u| > |v| \geq 0)$$

を考え、変数 x, y, z, w, u, v を更新していきます。

(1) $x, y, z, w, u, v \in \mathbb{Z}[i]$ を次のように初期化する。

$$\begin{pmatrix} 1 & 0 \\ 0 & 1 \end{pmatrix} \begin{pmatrix} a \\ b \end{pmatrix} = \begin{pmatrix} a \\ b \end{pmatrix}$$

(2) $v = 0$ なら

$$\gcd(a, b) = u, \quad ax + by = \gcd(a, b)$$

と出力して終了する。

(3) $|v| > 0$ なら $u = qv + r$ $(|r| < |v|)$ となる $(q, r) \in \mathbb{Z}[i] \times \mathbb{Z}[i]$ を求め

$$\begin{pmatrix} z & w \\ x - qz & y - qw \end{pmatrix} \begin{pmatrix} a \\ b \end{pmatrix} = \begin{pmatrix} v \\ r \end{pmatrix} \quad (|v| > |r| \geq 0)$$

と更新して (2) に戻る。

注 3.2　$v = 0$ とします。$xa + yb = u$ より、ガウス整数 g が a, b の最大公約数ならば u は g の倍数となるので、$|g| \leq |u|$ です。他方で、

$$\begin{pmatrix} a \\ b \end{pmatrix} = \pm \begin{pmatrix} w & -y \\ -z & x \end{pmatrix} \begin{pmatrix} u \\ 0 \end{pmatrix} = \pm \begin{pmatrix} wu \\ -zu \end{pmatrix}$$

より u は a, b の公約数になっているので、$|u| \leq |g|$ です。つまり u が最大公約数 (のひとつ) を与えます。

定理 3.17　(1) $p \in \mathbb{Z}[i]$ が素数ならば p は既約数である。

(2) $p \in \mathbb{Z}[i]$ が既約数ならば p は素数である。

(証明)　証明は整数の場合とほぼ同じです。

(1) p が既約数でないとする。つまり、$2 \leq |l|^2, |m|^2 < |p|^2$ をみたすガウス整数 $l, m \in \mathbb{Z}[i]$ があって $p = lm$ だとする。仮定より p は素数なので、p が l または m を割り切るから、$|p|^2$ は $|l|^2$ または $|m|^2$ の約数であり、とくに $|p|^2 \leq |l|^2$ または $|p|^2 \leq |m|^2$ を得る。他方で、

$$|p|^2 = |l|^2 |m|^2 \geq |l|^2, |m|^2$$

だから $|p| = |l|$ または $|p| = |m|$ でなければならない。$|p|^2 = |l|^2 |m|^2$ より $|m|^2 = 1$ または $|l|^2 = 1$ となるから矛盾が生じる。

(2) $a, b \in \mathbb{Z}[i]$ に対し p が ab の約数とする。a と p に対し拡張ユークリッド互除法を行うと、$d = \gcd(a, p)$ に対し $ax + py = d$ をみたす $x, y \in \mathbb{Z}[i]$ が求まるが、d は既約数 p の約数だから仮定より $d = \pm p, \pm pi$ または $d = \pm 1, \pm i$ である。

- $d = \pm p, \pm pi$ のとき、d は a の約数でもあるから、a が p で割り切れる。

- $d = \pm 1, \pm i$ のとき、$ax + py = 1$ とできるから、$b = abx + pyb$ は p で割り切れる。

以上から p は素数である。　　　　　　　　　　　　　　　　　　　□

3.4 ガウス整数の既約分解の存在と一意性

> **補題 3.18**　任意のガウス整数は既約分解をもつ。すなわち既約数の積の形に書ける。

（証明）既約分解をもたないガウス整数の中で絶対値が最小のものを N とする。N は既約数ではないので、$|L|^2, |M|^2 < |N|^2$ をみたすガウス整数 $L, M \in \mathbb{Z}[i]$ が存在して $N = LM$ となる。すると、$|N|$ の最小性より L と M は既約分解をもつから、L と M の積 N も既約分解をもつ。これは N の取り方に反し矛盾である。　　　　　□

　定理 3.17 で「既約数＝素数」を示したので、整数の場合とまったく同じ証明でガウス整数の既約分解（＝素因数分解）の一意性も得られます。

> **定理 3.19**　任意のガウス整数に対し、素因数分解の存在と一意性が成り立つ。

3.5 既約分解の一意性が成り立たない例

> **補題 3.20** $\mathbb{Z}[\sqrt{-5}]$ の可逆元は ± 1 に限る。

（証明）$a + b\sqrt{5}i \in \mathbb{Z}[\sqrt{-5}]$ が可逆元とすると、$c + d\sqrt{5}i \in \mathbb{Z}[\sqrt{-5}]$ が存在して

$$(a + b\sqrt{5}i)(c + d\sqrt{5}i) = 1$$

である。絶対値をとると $(a^2 + 5b^2)(c^2 + 5d^2) = 1$ だから、$b = d = 0$ でなければならず、このとき、$ac = 1$ より $a = \pm 1$ である。　　　□

定義 3.21 $a, b \in \mathbb{Z}[\sqrt{-5}]$ かつ $b \neq 0$ とする。$a = bc$ となる $c \in \mathbb{Z}[\sqrt{-5}]$ が存在するとき、a を b の**倍数**、b を a の**約数**と呼ぶ。

定義 3.22 $p \in \mathbb{Z}[\sqrt{-5}]$ が $|p|^2 \geq 2$ をみたすとする。p の約数が ± 1 と $\pm p$ に限られるとき、p を**既約数**と呼ぶ。

定義 3.23 $p \in \mathbb{Z}[\sqrt{-5}]$ が $|p|^2 \geq 2$ をみたすとする。$a, b \in \mathbb{Z}[\sqrt{-5}]$ に対し p が ab の約数ならば、p が a の約数になるか p が b の約数になるかのどちらかがかならず成り立つとき、p を**素数**と呼ぶ。

　ガウス整数では既約分解の存在と一意性が成り立ちましたが、

$$\mathbb{Z}[\sqrt{-5}] = \{z = x + y\sqrt{5}i \in \mathbb{C} \mid x, y \in \mathbb{Z}\}$$

では成り立ちません。反例を与えましょう。歴史的にはこの反例を理解する試みからイデアルという概念が生まれました。注目するのは $6 \in \mathbb{Z}[\sqrt{-5}]$ の既約分解です。

> **補題 3.24** $2, 3, 1 \pm \sqrt{5}i \in \mathbb{Z}[\sqrt{-5}]$ はすべて既約数である。つまり約数は符号の違いを除いて自分自身か 1 しかない。

（証明）$1 + \sqrt{5}i$ が既約数であることを示す。整数 $x, y, u, v \in \mathbb{Z}$ が存在して

$$a = x + y\sqrt{5}i \in \mathbb{Z}[\sqrt{-5}], \quad b = u + v\sqrt{5}i \in \mathbb{Z}[\sqrt{-5}]$$

に対し $1 + \sqrt{5}i = ab$ と因数分解できたとする。積の順序は問題ではないから、$x^2 + 5y^2 \leq u^2 + 5v^2$ としてよい。両辺に $1 - \sqrt{5}i = \overline{ab}$ を掛け合わせると（$\overline{a}$ は a の複素共役、$\overline{b}$ は b の複素共役）

$$(1 + \sqrt{5}i)(1 - \sqrt{5}i) = (x + y\sqrt{5}i)(u + v\sqrt{5}i)(x - y\sqrt{5}i)(u - v\sqrt{5}i)$$

つまり、$6 = (x^2 + 5y^2)(u^2 + 5v^2)$ だから、整数における素因数分解の一意性より

$$(x^2 + 5y^2, u^2 + 5v^2) = (1, 6), (2, 3)$$

のどちらかである。$x^2 + 5y^2 = 2$ ならば $y = 0$ だが、このとき $x^2 = 2$ となる $x \in \mathbb{Z}$ は存在しない。ゆえに $x^2 + 5y^2 = 1$ であり、$y = 0$ かつ $x = \pm 1$ を得る。すなわち $a = \pm 1$ かつ $b = \pm(1 + \sqrt{5}i)$ だから、$1 + \sqrt{5}i$ の約数は $\pm(1 + \sqrt{5}i)$ と ± 1 に限る。$1 - \sqrt{5}i$ も同じ議論により既約数とわかる。

　次に $a = x + y\sqrt{5}i, b = u + v\sqrt{5}i \in \mathbb{Z}[\sqrt{-5}]$ を用いて $2 = ab$ と因数分解できたとする。$x^2 + 5y^2 \leq u^2 + 5v^2$ としてよい。このとき

$$4 = (x+y\sqrt{5}i)(u+v\sqrt{5}i)(x-y\sqrt{5}i)(u-v\sqrt{5}i) = (x^2+5y^2)(u^2+5v^2)$$

だから、整数における素因数分解の一意性より

$$(x^2 + 5y^2, u^2 + 5v^2) = (1, 4), (2, 2)$$

のどちらかである。$x^2 + 5y^2 = 2$ に整数解はないので、$a = \pm 1$ かつ $b = \pm 2$ しかありえず、2 は $\mathbb{Z}[\sqrt{-5}]$ の既約数である。$x^2 + 5y^2 = 3$ に整数解がないことを用いれば、同様に 3 が $\mathbb{Z}[\sqrt{-5}]$ の既約数であることもわかる。　　　　　　　　　　　　　　　　　□

命題 3.25　$6 = 2 \cdot 3$ と $6 = (1 + \sqrt{5}i)(1 - \sqrt{5}i)$ は $6 \in \mathbb{Z}[\sqrt{-5}]$ の異なる既約分解である。とくに既約数はかならずしも素数ではない。

（証明）もし同じ既約分解ならば、2 は $1 \pm \sqrt{5}i$ のどちらかに可逆数を掛けた数に等しいはずだが、$\pm 2 = 1 \pm \sqrt{5}i$ にはならないので相異なる既約分解である。既約数がつねに素数だとすると 2 も素数だから、$q_1 = 1 + \sqrt{5}i, q_2 = 1 - \sqrt{5}i$ の積 $q_1 q_2$ が 2 の倍数であることより、q_1 または q_2 が 2 の倍数になるはずである。つまり、$a + b\sqrt{5}i \in \mathbb{Z}[\sqrt{-5}]$ が存在して

$$1 \pm \sqrt{5}i = 2(a \pm b\sqrt{5}i)$$

となるはずであるが、絶対値をとると $6 = 4(a^2 + 5b^2)$ となり、$b = 0$ でなければならないが、このとき $3 = 2a^2$ となり、a が整数であることに反する。　　　　　　　　　　　　　　　　　　　　　　　□

　ここで素因数分解の一意性の証明を思い出してみましょう。もし $p_1 p_2$ と $q_1 q_2$ が同じ数の既約分解ならば、$p_1 p_2 = q_1 q_2$ だから、p_1 が q_1 の約数になるか q_2 の約数になるかのどちらかなので $p_1 = q_1$ または $p_1 = q_2$ としてよい、という議論でした。しかし

$$p_1 = 2, \quad p_2 = 3, \quad q_1 = 1 + \sqrt{5}i, \quad q_2 = 1 - \sqrt{5}i$$

とおくとき、p_1 は q_1 の約数でも q_2 の約数でもありません。つまり、この議論を無条件に使うことは論理的に正しくないのです。言い換えれば、「既約数＝素数」を示すことなくこの議論を使うことは既約分解の一意性を使うことと同じであり、循環論法に陥っているのです。

4章

多項式の既約分解

4.1 一変数多項式の既約分解の一意性

四則演算ができる集合を体と呼ぶのでした。たとえば、有理数の集合 $\mathbb{Q}$、実数の集合 $\mathbb{R}$、複素数の集合 $\mathbb{C}$ は体です。$\mathbb{F}$ が体ならば $\mathbb{F}$ 係数有理式の集合、すなわち $\mathbb{F}$ 係数多項式の比から作られる分数の集合 $\mathbb{F}(x_1, \ldots, x_n)$ も体です。

この節では、$\mathbb{F}$ を体とし、変数 s に関する $\mathbb{F}$ 係数一変数多項式の集合 $\mathbb{F}[s]$ を考えます。中学・高校で学んだように、一変数多項式にも割り算があり、商と余りが定義できます。

補題 4.1　$f(s), g(s) \in \mathbb{F}[s]$ かつ $g(s) \neq 0$ ならば、等式 $f(s) = g(s)q(s) + r(s)$ をみたす $q(s), r(s) \in \mathbb{F}[s]$ であって、$r(s) = 0$ になるか、または $r(s) \neq 0$ ならば $r(s)$ の次数が $g(s)$ の次数より真に小さいものが存在する。さらに、$f(s)$ の次数を k、$g(s)$ の次数を l とするとき、$l \leq k$ ならば $q(s)$ の次数は $k - l$ である。

整数の場合を少し修正することで $\mathbb{F}[s]$ に対しても拡張ユークリッド互除法を考えることができます。$f(s), g(s) \in \mathbb{F}[s]$ に対し、$f(s)$ の次数が $g(s)$ の次数より小さいときは $f(s)$ と $g(s)$ を交換し、$f(s)$ の次数と $g(s)$ の次数が等しいときは、$g(s)$ から $f(s)$ の定数倍を引いて $g(s)$ の次数を下げてから拡張ユークリッド互除法を適用することにすれば

よいので、以下では $f(s)$ の次数 $\deg f$ が $g(s)$ の次数 $\deg g$ より大きいとします。行列の積

$$\begin{pmatrix} x(s) & y(s) \\ z(s) & w(s) \end{pmatrix} \begin{pmatrix} f(s) \\ g(s) \end{pmatrix} = \begin{pmatrix} u(s) \\ v(s) \end{pmatrix}$$

の成分 $x(s), y(s), z(s), w(s), u(s), v(s)$ を、$x(s)w(s) - y(s)z(s) = \pm 1$ かつ $v(s) \neq 0$ である限り $\deg u(s) > \deg v(s) \geq 0$ をみたしつつ更新していきます。

(1) $x(s), y(s), z(s), w(s), u(s), v(s)$ を次のように初期化する。

$$\begin{pmatrix} 1 & 0 \\ 0 & 1 \end{pmatrix} \begin{pmatrix} f(s) \\ g(s) \end{pmatrix} = \begin{pmatrix} f(s) \\ g(s) \end{pmatrix}$$

(2) $v(s) \in \mathbb{F} \setminus \{0\}$、つまり $v(s)$ が非零定数多項式ならば、

$$\gcd(f, g) = 1, \quad f(s)\frac{z(s)}{v(s)} + g(s)\frac{w(s)}{v(s)} = \gcd(f, g)$$

と出力して終了し、$v(s) = 0$ ならば

$$\gcd(f, g) = u(s), \quad f(s)x(s) + g(s)y(s) = \gcd(f, g)$$

と出力して終了する。

(3) $v(s)$ が 1 次以上の多項式ならば、$u(s)$ を $v(s)$ で割って商 $q(s)$ と余り $r(s)$ を求め

$$\begin{pmatrix} z(s) & w(s) \\ x(s) - q(s)z(s) & y(s) - q(s)w(s) \end{pmatrix} \begin{pmatrix} f(s) \\ g(s) \end{pmatrix} = \begin{pmatrix} v(s) \\ r(s) \end{pmatrix}$$

と更新して (2) に戻る。

定理 4.2　$\mathbb{F}$ を体とするとき、$\mathbb{F}$ 係数一変数多項式に対し既約分解の存在と一意性が成り立つ。

（証明）既約分解が存在しない多項式のうち次数最小のものを考え $f(s)$ とすると、$f(s)$ は既約多項式ではないので $f(s)$ より次数の低い多項式 $g(s), h(s)$ の積になる。しかし次数の最小性より $g(s)$ と $h(s)$ は既約分解をもつので、$f(s)$ が既約分解をもつことになり矛盾である。拡張ユークリッド互除法を用いれば、整数やガウス整数の場合と同じ証明で既約多項式が素多項式になることが証明できるので、既約分解の一意性が成り立つ。　　　　　　　　　　　　　　　　　　□

$\mathbb{F}$ が体なら $\mathbb{F}(x_1, \ldots, x_n)$ も体ですから、補題 4.1 において $\mathbb{F}$ を $\mathbb{F}(x_1, \ldots, x_n)$ に置き換えることで次の補題 4.3 が得られます。そして、$\mathbb{F}(x_1, \ldots, x_n)[x_{n+1}]$ において既約分解の存在と一意性が成り立ちます。のちほど $\mathbb{F}$ 係数多変数多項式の既約分解の一意性を示すときに補題 4.3 を用います。

補題 4.3　$f_0 \neq 0$ をみたす有理式 $f_0, \ldots, f_k \in \mathbb{F}(x_1, \ldots, x_n)$ を係数にもつ x_{n+1} の多項式と $g_0 \neq 0$ をみたす有理式 $g_0, \ldots, g_l \in \mathbb{F}(x_1, \ldots, x_n)$ を係数にもつ x_{n+1} の多項式をそれぞれ

$$f(x_1, \ldots, x_{n+1}) = f_0 x_{n+1}^k + f_1 x_{n+1}^{k-1} + \cdots + f_k$$
$$g(x_1, \ldots, x_{n+1}) = g_0 x_{n+1}^l + g_1 x_{n+1}^{l-1} + \cdots + g_l$$

とする。もし $l \leq k$ ならば、$q_0 \neq 0$ をみたす有理式 $q_0, \ldots, q_{k-l}, r_0, \ldots, r_{l-1} \in \mathbb{F}(x_1, \ldots, x_n)$ が存在して

$$q(x_1, \ldots, x_{n+1}) = q_0 x_{n+1}^{k-l} + \cdots + q_{k-l}$$
$$r(x_1, \ldots, x_{n+1}) = r_0 x_{n+1}^{l-1} + \cdots + r_{l-1}$$

とおくと

$$f(x_1, \ldots, x_{n+1}) = g(x_1, \ldots, x_{n+1}) q(x_1, \ldots, x_{n+1}) + r(x_1, \ldots, x_{n+1})$$

が成り立つ。

（証明）証明は補題 4.1 と同じである。

$$\sum_{i=0}^{k} f_i x_{n+1}^{k-i} = \sum_{j=0}^{l} \sum_{j'=0}^{k-l} g_j q_{j'} x_{n+1}^{(l-j)+(k-l-j')} + \sum_{i=0}^{l-1} r_i x_{n+1}^{l-1-i}$$

において両辺の x_{n+1}^{k-i} の係数を比較すれば、$0 \le i \le k-l$ のとき $f_i = \sum_{j=0}^{i} g_{i-j} q_j$ だから、

$$q_i = \frac{1}{g_0} \left(f_i - \sum_{j=0}^{i-1} g_{i-j} q_j \right)$$

により帰納的に q_i $(0 \le i \le k-l)$ が求められる。r_i $(0 \le i \le l-1)$ は

$$f(x_1,\ldots,x_{n+1}) - q(x_1,\ldots,x_{n+1}) g(x_1,\ldots,x_{n+1}) = r_0 x_{n+1}^{l-1} + \cdots + r_{l-1}$$

から求めればよい。　　　　　　　　　　　　　　　　　　□

◆**例 4.4**　割り算の計算はなじみのあるやり方でやればよいので、たとえば

$$f(x_1, x_2) = x_1^3 + 2x_1^2 x_2 + x_2^2 + x_1 x_2^3, \quad g(x_1, x_2) = 1 - x_1^2 x_2 + x_1 x_2^2$$

の場合に計算してみましょう。x_2 の多項式と見るので、x_2 の次数に関して降順で書いて計算します。

$$
\begin{array}{r}
x_2 + \frac{1+x_1^2}{x_1} \\
x_1 x_2^2 - x_1^2 x_2 + 1 \, \overline{\big)\; x_1 x_2^3 \;+\; x_2^2 \;+\; 2x_1^2 x_2 \;+\; x_1^3} \\
x_1 x_2^3 \;-\; x_1^2 x_2^2 \;+\; x_2 \\
\hline
(1+x_1^2) x_2^2 + (2x_1^2 - 1)x_2 + x_1^3 \\
(1+x_1^2) x_2^2 - (x_1 + x_1^3)x_2 + \frac{1+x_1^2}{x_1} \\
\hline
(x_1^3 + 2x_1^2 + x_1 - 1)x_2 + (x_1^3 - x_1 - x_1^{-1})
\end{array}
$$

だから、商が $\dfrac{1}{x_1} + x_1 + x_2$ で、余りが $-\dfrac{1}{x_1} - x_1 + x_1^3 - x_2 + x_1 x_2 + 2x_1^2 x_2 + x_1^3 x_2$ となります。

4.2 最大公約式と最小公倍式

定義 4.5 $f_1(x_1,\ldots,x_n),\ldots,f_r(x_1,\ldots,x_n) \in \mathbb{F}[x_1,\ldots,x_n]$ とする。

(1) $f_1(x_1,\ldots,x_n),\ldots,f_r(x_1,\ldots,x_n)$ を割り切る多項式が、かならず
ある多項式を割り切るならば、この多項式を**最大公約式**と呼ぶ。

(2) $f_1(x_1,\ldots,x_n),\ldots,f_r(x_1,\ldots,x_n)$ で割り切れる多項式が、かなら
ずある多項式で割り切れるならば、この多項式を**最小公倍式**と
呼ぶ。

　次の補題は多項式に対して述べますが、整数やガウス整数に対して
も、補題の仮定が成立するので、最大公約数と最小公倍数の存在が成
り立ちます。他方、多項式に対して仮定が成り立つことはこれから証
明することですから当然と思ってはいけませんし、もし証明の中で
使ってしまうと循環論法になってしまいます。すでに知っている事実
に照らし合わせて納得したつもりにならないよう、論理を順に追って
いきましょう。

補題 4.6 $\mathbb{F}$ を体とし、$\mathbb{F}$ を係数とする n 変数多項式に対し、既約
分解の一意性が成り立つと仮定する。$p_1,\ldots,p_s$ を既約多項式とす
るとき、多項式 $f(x_1,\ldots,x_n)$ の既約分解が非零定数倍を除いて

$$f(x_1,\ldots,x_n) = p_1(x_1,\ldots,x_n)^{e_1} \cdots p_s(x_1,\ldots,x_n)^{e_s}$$

ならば、$f(x_1,\ldots,x_n)$ を割り切る多項式の集合は非零定数倍を除
いて

$$\{p_1(x_1,\ldots,x_n)^{c_1} \cdots p_s(x_1,\ldots,x_n)^{c_s} \mid 0 \le c_i \le e_i \ (1 \le i \le s)\}$$

に等しい。とくに、既約分解の一意性が成り立つならば、最大公約
式と最小公倍式が存在する。さらに次が成り立つ。

> (1) 多項式 $f_1(x_1,\ldots,x_n),\ldots,f_r(x_1,\ldots,x_n)$ を割り切る多項式の中で次数が最大のものは最大公約式である。
>
> (2) 多項式 $f_1(x_1,\ldots,x_n),\ldots,f_r(x_1,\ldots,x_n)$ で割り切れる多項式の中で次数が最小のものは最小公倍式である。

（証明）$f(x_1,\ldots,x_n)$ を割り切る $\mathbb{F}$ 係数多項式を $g(x_1,\ldots,x_n)$ とし、商を $q(x_1,\ldots,x_n)$ とおく。$g(x_1,\ldots,x_n)$ と $q(x_1,\ldots,x_n)$ をそれぞれ既約分解すればその積が $f(x_1,\ldots,x_n)$ の既約分解を与えるが、既約分解の一意性より、この積は非零定数倍を除いて

$$p_1(x_1,\ldots,x_n)^{e_1}\cdots p_s(x_1,\ldots,x_n)^{e_s}$$

に一致する。ゆえに、$0 \le c_i \le e_i \ (1 \le i \le s)$ をみたす非負整数が存在して

$$g(x_1,\ldots,x_n) = p_1(x_1,\ldots,x_n)^{c_1}\cdots p_s(x_1,\ldots,x_n)^{c_s}$$

となることが示された。

$$f_i(x_1,\ldots,x_n) = p_1(x_1,\ldots,x_n)^{e_{i1}}\cdots p_s(x_1,\ldots,x_n)^{e_{is}}$$

と書くとき、$f_1,\ldots,f_r$ の最大公約式と最小公倍式は

$$\gcd(f_1,\ldots,f_r) = p_1^{\min\{e_{11},\ldots,e_{r1}\}}\cdots p_s^{\min\{e_{1s},\ldots,e_{rs}\}}$$
$$\mathrm{lcm}(f_1,\ldots,f_r) = p_1^{\max\{e_{11},\ldots,e_{r1}\}}\cdots p_s^{\max\{e_{1s},\ldots,e_{rs}\}}$$

で与えられる。ゆえに (1) と (2) が成り立つ。　　　　□

　$\mathbb{F}[x_1,\ldots,x_n]$ において既約分解の存在と一意性が成り立つと、有理式 $q(x_1,\ldots,x_n) \in \mathbb{F}(x_1,\ldots,x_n)$ の既約分数表示が考えられます。つまり、

$$q = \frac{q'}{q''}, \quad q'(x_1,\ldots,x_n), q''(x_1,\ldots,x_n) \in \mathbb{F}[x_1,\ldots,x_n]$$

と書いたときに、q' と q'' が共通の既約多項式で割り切れることがないように q' と q'' を選ぶことができます。これは、分母と分子の最大公約式が 1 になるようにできることと同値です。

　小学校で分数を習って以来、有理数を整数の比で書いて約分したり、有理式を多項式の比で書いて約分したりする計算はいくどもやったと思うので、既約分数を考えることは当たり前と思うかもしれません。しかし、もし既約分解の一意性が成り立たなければ、見かけ上分母と分子に共通の既約多項式が現れていなくても、分子または分母の既約分解を別の既約分解に取り換えれば共通の既約多項式が現れて約分できるかもしれません。このとき、論理的には、分母の既約分解をどうとっても分子の既約分解をうまくとればかならず約分できる可能性もありうるわけですから、この可能性を排除する証明も必要になります。

　既約分解の一意性が成り立つと、分母と分子の既約分解はただひとつなわけですから、見かけ上分母と分子に共通の既約多項式がなければ、実際にこれ以上約分できないことが保証されます。つまり、小学校以来やってきた約分の計算が正当化されます。実は、小学校・中学校・高校では、整数や多項式の既約分解の一意性を暗黙のうちに仮定して、疑問をもたせることもなく、計算練習を通じて「習うより慣れよ」と納得させていたわけです。

4.3 多変数多項式の既約分解の一意性

　多変数多項式の場合も既約分解の一意性が証明できるのですが、証明はだいぶ異なり、n に関する帰納法で証明します。次の補題が変数の個数をひとつ増やすために必要です。証明が長く読むのが大変ですが、高校数学以上の知識は必要ないので読み進めてもらえればと思います。

補題 4.7　体 $\mathbb{F}$ を係数とする n 変数多項式に対し、既約多項式が素多項式であり、既約分解の存在と一意性が成り立つと仮定する。また、多項式

$$f(x_1, \ldots, x_{n+1}), \ g(x_1, \ldots, x_{n+1}) \in \mathbb{F}[x_1, \ldots, x_{n+1}]$$

に対し補題 4.3 を適用して商と余りを計算すると、余りが $r(x_1, \ldots, x_{n+1}) = 0$ になったとする。

$$g(x_1, \ldots, x_{n+1}) = g_0 x_{n+1}^l + g_1 x_{n+1}^{l-1} + \cdots + g_l$$
$$(g_0, \ldots, g_l \in \mathbb{F}[x_1, \ldots, x_n])$$

と書くとき、仮定により $\mathbb{F}[x_1, \ldots, x_n]$ で既約分解の存在と一意性が成り立つので、補題 4.6 により最大公約式 $\gcd(g_0, \ldots, g_l)$ を定義することができるが、この最大公約式が 1 であると仮定する。このとき、$f(x_1, \ldots, x_{n+1}) \in \mathbb{F}(x_1, \ldots, x_n)[x_{n+1}]$ の $q(x_1, \ldots, x_{n+1})$ による商 $q(x_1, \ldots, x_{n+1}) \in \mathbb{F}(x_1, \ldots, x_n)[x_{n+1}]$ は $x_1, \ldots, x_{n+1}$ の多項式、すなわち $q(x_1, \ldots, x_{n+1}) \in \mathbb{F}[x_1, \ldots, x_{n+1}]$ である。

（証明）$f(x_1, \ldots, x_{n+1})$ を x_{n+1} の多項式と見たときの係数

$$f_0, \ldots, f_k \in \mathbb{F}[x_1, \ldots, x_n]$$

の既約分解は一意的だから、最大公約式 $\gcd(f_0, \ldots, f_k)$ を定義できる。$f(x_1, \ldots, x_{n+1})$ をこの最大公約式で割った多項式に対しても、補題 4.3 を適用して求まる余りが 0 になるので、このときの商が $x_1, \ldots, x_{n+1}$ の多項式ならば、$\gcd(f_0, \ldots, f_k)$ を掛けて得られる $q(x_1, \ldots, x_{n+1})$ も $x_1, \ldots, x_{n+1}$ の多項式になる。ゆえに $\gcd(f_0, \ldots, f_k) = 1$ と仮定を追加して証明できれば十分である。

　$q(x_1, \ldots, x_{n+1})$ を x_{n+1} の多項式と見たときの係数 $q_i \in \mathbb{F}(x_1, \ldots, x_n)$ を既約分数表示する。すなわち、$q_i'(x_1, \ldots, x_n), q_i''(x_1, \ldots, x_n) \in$

$\mathbb{F}[x_1, \ldots, x_n]$ を用いて

$$q_i = \frac{q_i'(x_1, \ldots, x_n)}{q_i''(x_1, \ldots, x_n)}$$

と表し、分母と分子が約分できないとする。仮定より分母と分子の既約分解は一意的だから、この条件を $\gcd(q_i', q_i'') = 1$ と表現してもよい。このとき、分母の最小公倍式 $L = \mathrm{lcm}(q_0'', \ldots, q_{k-l}'')$ も定義することができる。$p_i = Lq_i$ とおくと、補題 4.6 の証明中で得られた最小公倍式の公式より $p_i \in \mathbb{F}[x_1, \ldots, x_n]$ となるから、

$$p(x_1, \ldots, x_{n+1}) = p_0 x_{n+1}^{k-l} + \cdots + p_{k-l} = Lq(x_1, \ldots, x_{n+1})$$

も多項式である。$D = \gcd(p_0, \ldots, p_{k-l})$ とおき、証明に必要なので、最初に $\gcd(D, L) = 1$ を示そう。そのためには、L の既約分解に現れる既約多項式 h に対し、h が D の既約分解に現れないことを示せばよい。帰納法の仮定より $\mathbb{F}[x_1, \ldots, x_n]$ では既約分解の一意性が成り立っているので、係数に関する議論をする限り、高校までに習った既約分数や最小公倍式、最大公約式の考え方で進んでよいことに注意しておく。

L の既約分解において、上記補題 4.6 の最小公倍式の公式より、q_i'' の既約分解に h^{e_i} が現れるならば、L の既約分解には h が冪指数 $\max(e_0, \ldots, e_{k-l})$ で現れるので、最大値をとる i においては、

$$0 < e_i = \max(e_0, \ldots, e_{k-l})$$

である。L における h の冪指数は q_i'' に現れる h の冪指数に等しいから、L を q_i'' で割った多項式に h は現れない。また、h が q_i'' に現れる以上、$\gcd(q_i', q_i'') = 1$ に注意すれば h は q_i' に現れない。ゆえに

$$p_i = \frac{L}{q_i''} q_i'$$

より、h が p_i の既約分解に現れないことがわかる。

　例で試してみよう。もし q_0, q_1, q_2 が相異なる既約多項式 h_1, h_2, h_3 を用いて

$$q_0 = \frac{h_1 h_2}{h_3}, \quad q_1 = \frac{h_1 h_3}{h_2}, \quad q_2 = \frac{h_1}{h_2 h_3}$$

と既約分数表示されたとすると、$L = \mathrm{lcm}(h_3, h_2, h_2 h_3) = h_2 h_3$ だから

$$p_0 = L q_0 = h_1 h_2^2, \quad p_1 = L q_1 = h_1 h_3^2, \quad p_2 = L q_2 = h_1$$

となり、$D = \gcd(h_1 h_2^2, h_1 h_3^2, h_1) = h_1$ となる。そこで、$h = h_2$ とすると、

$$e_i = \max(0, 1, 1) = 1$$

となるのは $i = 1, 2$ のときで、h は $q_1' = h_1 h_3, q_2' = h_1$ に現れない。また、p_1, p_2 にも現れない。ゆえに、p_0, p_1, p_2 の最大公約式 D にも現れない。実際、$D = h_1$ だから、たしかに D に $h = h_2$ は現れていない。

　他方、$h = h_3$ とすると、今度は $e_i = \max(1, 0, 1)$ を考えることになるから、$i = 0, 2$ となり、h は $q_0' = h_1 h_2, q_2' = h_1$ に現れない。ゆえに D に h が現れないことがわかるが、実際 $D = h_1$ に $h = h_3$ は現れていない。

　以上から L の既約分解に現れる任意の既約多項式 h に対し、ある i が存在して、h は p_i の既約分解に現れないことがわかった。そして、L の既約分解に現れる任意の既約多項式が $D = \gcd(p_0, \ldots, p_{k-l})$ の既約分解に現れないから、$\gcd(D, L) = 1$ である。

$$F(x_1, \ldots, x_{n+1}) = \frac{1}{D} g(x_1, \ldots, x_{n+1}) p(x_1, \ldots, x_{n+1})$$
$$\in \mathbb{F}[x_1, \ldots, x_{n+1}]$$

を考える。この多項式の x_{n+1}^{k-i} の係数は $\sum_{j=0}^{i} g_{i-j} p_j / D$ である。

$$\gcd(g_0, \ldots, g_l) = 1$$

の仮定より、任意の n 変数既約多項式 h に対して、h で割り切れない g_a の中で最小の a をとることができる。また、$D = \gcd(p_0, \ldots, p_{k-l})$ より

$$\gcd(p_0/D, \ldots, p_{k-l}/D) = 1$$

だから、h で割り切れない p_b/D の中で最小の b をとることができる。
すると、

$$\sum_{j=0}^{a+b} g_{a+b-j} p_j/D = g_{a+b} p_0/D + \cdots + g_{a+1} p_{b-1}/D$$

$$+ g_a p_b/D + g_{a-1} p_{b+1}/D + \cdots + g_0 p_{a+b}/D$$

において、$p_0/D, \ldots, p_{b-1}/D$ と $g_{a-1}, \ldots, g_0$ は h で割り切れるが、仮定より既約多項式 h は素多項式でもあるので、$g_a p_b/D$ は h で割り切れない。なぜなら、もし $g_a p_b/D$ が h で割り切れるならば、g_a または p_b/D が h で割り切れることになり、a, b の取り方に反するからである。ゆえに、

$$F(x_1, \ldots, x_{n+1}) = \sum_{i=0}^{k} \left(\sum_{j=0}^{i} g_{i-j} p_j/D \right) x_{n+1}^{k-i}$$

における x_{n+1}^{k-a-b} の係数は h で割り切れない。以上から、$F(x_1, \ldots, x_{n+1})$ の係数 $\sum_{j=0}^{i} g_{i-j} p_j/D \ (0 \leq i \leq k)$ の最大公約式も 1 となる。そこで、

$$Lf(x_1, \ldots, x_{n+1}) = DF(x_1, \ldots, x_{n+1})$$

の両辺の係数の最大公約式を較べれば、右辺の係数の最大公約式は D であり、

$$\gcd(f_0, \ldots, f_k) = 1$$

より左辺の係数の最大公約式は L であるから、非零定数倍を除いて $D = L$ のはずであるが、$\gcd(D, L) = 1$ より $L = D = 1$ としてよい。よって、$q(x_1, \ldots, x_{n+1}) = p(x_1, \ldots, x_{n+1}) \in \mathbb{F}[x_1, \ldots, x_{n+1}]$ を得る。　　　　　　　□

命題 4.8　体 $\mathbb{F}$ を係数とする n 変数多項式に対し、既約多項式が素多項式であり、既約分解の存在と一意性が成り立つならば、$\mathbb{F}$ を係数とする $n+1$ 変数多項式の既約分解の存在と一意性が成り立つ。

（証明）$p(x_1, \ldots, x_{n+1}) \in \mathbb{F}[x_1, \ldots, x_{n+1}]$ を既約多項式とし、多項式

$$g(x_1, \ldots, x_{n+1}), h(x_1, \ldots, x_{n+1}) \in \mathbb{F}[x_1, \ldots, x_{n+1}]$$

の積を割り切るとする。$\mathbb{F}(x_1, \ldots, x_n)[x_{n+1}]$ では「既約元＝素元」だから、

(i) $g(x_1, \ldots, x_{n+1})$ を $p(x_1, \ldots, x_{n+1})$ で割ると係数に $x_1, \ldots, x_n$ の分数式を許した x_{n+1} の多項式になるか、

(ii) $h(x_1, \ldots, x_{n+1})$ を $p(x_1, \ldots, x_{n+1})$ で割ると係数に $x_1, \ldots, x_n$ の分数式を許した x_{n+1} の多項式になるか、

のどちらかである。$p(x_1, \ldots, x_{n+1})$ が既約多項式であるという仮定より、$p(x_1, \ldots, x_{n+1})$ を x_{n+1} の多項式と見たときの係数から一斉に $x_1, \ldots, x_n$ の多項式を括りだすことができないから、これらの係数の最大公約式は 1 であり、補題 4.7 が適用できて

(i) $g(x_1, \ldots, x_{n+1})$ を $p(x_1, \ldots, x_{n+1})$ で割ると $x_1, \ldots, x_{n+1}$ の多項式になるか、

(ii) $h(x_1, \ldots, x_{n+1})$ を $p(x_1, \ldots, x_{n+1})$ で割ると $x_1, \ldots, x_{n+1}$ の多項式になるか、

のどちらかであることがわかる。以上で $\mathbb{F}[x_1, \ldots, x_{n+1}]$ において「既約元＝素元」が示されたから、$\mathbb{F}[x_1, \ldots, x_{n+1}]$ に対しても既約分解の一意性が成り立つ。既約分解の存在は定理 4.2 と同様の背理法で証明できる。　　　　　　　　　　　　　　　　　　　　　　　　　　　□

定理 4.9　体 $\mathbb{F}$ を係数とする n 変数多項式の既約分解の存在と一意性が成り立つ。つまり、$\mathbb{F}$ を係数とする n 変数多項式を $\mathbb{F}$ 係数 n 変数既約多項式の積に表すことができ、既約多項式の積に表すやり方は非零定数倍を除けばただひと通りである。

（証明）命題 4.8 を用いて n に関する帰納法で示せばよい。　　　　□

注 4.1　帰納法の出発点を $\mathbb{Z}$ にして補題 4.7 と命題 4.8 を適当に修正することで、$\mathbb{Z}[x_1, \ldots, x_n]$ に対しても既約分解の存在と一意性が証明できます。

4.4　抽象代数学へのいざない

　既約分解の一意性を説明する理論は抽象代数学への入口です。大学に入り、まずは線形代数学を学ぶ必要がありますが、それが無味乾燥と思ったら、拙著

　　「加群からはじめる代数学入門」（日本評論社）

を斜め読みしてみましょう。

　門前の小僧習わぬ経を読むと言います。証明の羅列ではなく、学部専門科目で現れる具体的対象がたくさん触れられていますので、細かいことはわからなくても抽象代数学が何をやりたいのか、雰囲気がつかめるかもしれません。

II

円周率のはなし

5章

ユークリッド空間

5.1 ニュートンの力学モデルと円錐曲線

よくご存じのように、ニュートンは空間内の物体の運動を精度高く近似する数学モデルを提案した偉大な数理物理学者です。当時の実情に合わせれば自然哲学者と呼んだほうがよいかもしれません。ニュートンの数学モデルは、エウクレイデス（ユークリッド）の「原論」の幾何学—ユークリッド幾何学—に基づき、物体は運動方程式 $F = ma$ に支配されて運動すると提唱しました。さらに、ニュートンはケプラーの法則

(1) 惑星は太陽を焦点のひとつとする楕円軌道を描く。

(2) 面積速度一定の法則（角運動量保存則）が成り立つ。

(3) 惑星の公転周期の 2 乗は軌道長半径の 3 乗に比例する。

をもとに万有引力の法則と呼ばれる重力の逆 2 乗法則を発見し、逆に万有引力の法則と運動方程式をもとにケプラーの法則を導き出しました。

円錐曲線という古代ギリシャで研究された曲線が、惑星の運行の記述に現れるとは驚くべきことですね。千年の時を超えた円錐曲線の出現に、天動説の教会に迫害されながらも地動説を信じた当時の自然哲学者は深い感動を覚え、「我こそが、神が天界と地上界をお創りになったときどうお考えになったかを知っている真のキリスト者だ」と考え

たかもしれません。この節では、ニュートンの力学モデルから惑星の軌道が円錐曲線（2 次曲線）になることを導き出す過程を、数学モデルの自己完結性という観点から検討します。その観点から見たとき何が足りないかが後半のテーマです。

　ニュートンの「自然哲学の数学的諸原理」（プリンキピア）では微分積分学を表に出さない形で力学モデルが記述されたとのことですが、その後は、ユークリッド空間に直交座標を入れて得られる座標空間 $\mathbb{R}^3$ における微分方程式

$$m\frac{d^2\mathbf{r}}{dt^2} = \mathbf{F} \quad (\text{ただし、} \mathbf{r} = (x, y, z))$$

の数学解析として発展しました。ここでも微分方程式で考えます。

　質量 m の物体を重心に質量が集中した点とみなしたとき、原点を除いた空間の中で原点からの逆 2 乗法則に従う外力を受けて運動する点の運動方程式は

$$m\frac{d^2x}{dt^2} = -\frac{GMm}{x^2 + y^2 + z^2}\frac{x}{\sqrt{x^2 + y^2 + z^2}},$$

$$m\frac{d^2y}{dt^2} = -\frac{GMm}{x^2 + y^2 + z^2}\frac{y}{\sqrt{x^2 + y^2 + z^2}},$$

$$m\frac{d^2z}{dt^2} = -\frac{GMm}{x^2 + y^2 + z^2}\frac{z}{\sqrt{x^2 + y^2 + z^2}}$$

となります。この微分方程式を解くことでケプラーの法則が導けるのでした。実際、

$$L = y\frac{dz}{dt} - z\frac{dy}{dt}, \ \ M = z\frac{dx}{dt} - x\frac{dz}{dt}, \ \ N = x\frac{dy}{dt} - y\frac{dx}{dt}$$

とおきます。(L, M, N) を角運動量ベクトルと呼ぶのですが、運動方程式より

$$\left(\frac{d^2x}{dt^2}, \frac{d^2y}{dt^2}, \frac{d^2z}{dt^2}\right) = -\frac{GM}{(\sqrt{x^2 + y^2 + z^2})^3}(x, y, z)$$

ですから、積の微分法で計算すると

$$\frac{dL}{dt} = 0, \quad \frac{dM}{dt} = 0, \quad \frac{dN}{dt} = 0$$

が得られます。つまり (L, M, N) は時間変化しないベクトルです。$(L, M, N) = (0, 0, 0)$ ならば

$$\left(\frac{dx}{dt}, \frac{dy}{dt}, \frac{dz}{dt} \right) = \frac{1}{x} \frac{dx}{dt} \mathbf{r},$$

$$\left(\frac{dx}{dt}, \frac{dy}{dt}, \frac{dz}{dt} \right) = \frac{1}{y} \frac{dy}{dt} \mathbf{r},$$

$$\left(\frac{dx}{dt}, \frac{dy}{dt}, \frac{dz}{dt} \right) = \frac{1}{z} \frac{dz}{dt} \mathbf{r}$$

のいずれかが成り立つので、ある関数 $c(t)$ に対し

$$\frac{d\mathbf{r}}{dt} = c(t) \mathbf{r}$$

となります。$\dfrac{dC}{dt} = c(t)$ をみたす関数 $C(t)$ に対し $e^{-C(t)} \mathbf{r}$ を時間微分すると

$$\frac{d}{dt}(e^{-C(t)} \mathbf{r}) = e^{-C(t)} \left(-\frac{dC}{dt} \mathbf{r} + \frac{d\mathbf{r}}{dt} \right) = 0$$

なので、$c(t)$ の不定積分と初期値 $C(0) = 0$ から定まる関数 $C(t)$ により

$$\mathbf{r} = \mathbf{r}(0) e^{C(t)}$$

と書け、質点は原点を通る直線内で運動することがわかります。そこで直線上に x 座標を設定し、$r = |x|$ とおけば、

$$m \frac{d^2 r}{dt^2} = -\frac{GMm}{r^2}$$

を考えればよく、$\dfrac{dr}{dt}$ が単調減少とわかります。とくに、$t \to \infty$ の挙動で場合分けすれば、極限値

$$\lim_{t \to \infty} \frac{dr}{dt} = v_\infty \geq 0$$

が存在するか、ある $T \geq 0$ が存在して $t \geq T$ のとき $\dfrac{dr}{dt} < 0$ となり、有限時間内に原点 $r = 0$ に衝突してしまうか、

$$\lim_{t \to \infty} \frac{dr}{dt} = v_\infty < 0$$

が存在するか、$v_\infty = -\infty$ に発散するか、のいずれかになります。ゆえに

(i) $v_\infty \geq 0$ ならば、$r(t)$ は単調増加関数

(ii) $-\infty \leq v_\infty < 0$ ならば、$t \geq T$ のとき $r(t)$ は単調減少関数

となり、有限時間内に原点 $r = 0$ に衝突する場合以外は、$t \to \infty$ で $r(t)$ は無限大に発散するか 0 以上の実数に収束するかのどちらかになります。さてここで、

$$\frac{1}{2}\left(\frac{dr}{dt}\right)^2 - \frac{GM}{r}$$

を時間微分してみましょう。すると、

$$\frac{dr}{dt}\frac{d^2r}{dt^2} + \frac{GM}{r^2}\frac{dr}{dt} = \frac{dr}{dt}\left(\frac{d^2r}{dt^2} + \frac{GM}{r^2}\right) = 0$$

だから、定数 E があって

$$\frac{1}{2}\left(\frac{dr}{dt}\right)^2 - \frac{GM}{r} = E$$

となります[4]。この微分方程式を解くのは難しいですが、より定性的な性質である、r が $t \to \infty$ で有限の値 $0 < r_\infty < \infty$ に収束しないこと、は証明できます。実際、もし $v_\infty \neq 0$ ならば有限の値 r_∞ に収束できないので、

$$\lim_{t \to \infty} \frac{dr}{dt} = v_\infty = 0$$

となりますが、他方、t が十分大きければ

$$\frac{d^2r}{dt^2} \approx -\frac{GM}{r_\infty^2} \neq 0$$

なので、$v_\infty = 0$ に収束できません。

---

[4] 物理的な意味は運動エネルギーと位置エネルギーの和が時間変化しない、つまり力学的エネルギー保存則です。

　以上をまとめると、$(L, M, N) = (0, 0, 0)$ ならば r は無限大に発散するか、$r = 0$ に収束するか、または有限時間で $r = 0$ に到達するかのどれかになります。

　次に $(L, M, N) \neq (0, 0, 0)$ の場合を考えましょう。このときは

$$Lx + My + Nz = \left(y\frac{dz}{dt} - z\frac{dy}{dt} \right)x + \left(z\frac{dx}{dt} - x\frac{dz}{dt} \right)y + \left(x\frac{dy}{dt} - y\frac{dx}{dt} \right)z$$

$$= 0$$

ですから、質点が角運動量ベクトルを法線ベクトルにもち原点を通る平面内に留まることがわかります。つまり、質点は原点に衝突しない限り原点を除いた平面内を運動するので、平面に直交座標を設定して運動方程式を書くと

$$m\frac{d^2x}{dt^2} = -\frac{GMm}{x^2 + y^2}\frac{x}{\sqrt{x^2 + y^2}},$$

$$m\frac{d^2y}{dt^2} = -\frac{GMm}{x^2 + y^2}\frac{y}{\sqrt{x^2 + y^2}},$$

になります。ここで極座標 $x = r\cos\theta, y = r\sin\theta$ を用いて運動方程式を書き直せば、三角関数の微分法と合成関数の微分法を用いて $\dfrac{d^2x}{dt^2}, \dfrac{d^2y}{dt^2}$ を計算することで

$$\frac{d^2r}{dt^2} - r\left(\frac{d\theta}{dt} \right)^2 = -\frac{GM}{r^2}, \quad r\frac{d^2\theta}{dt^2} + 2\frac{dr}{dt}\frac{d\theta}{dt} = 0$$

が得られます。右の式から、$\dfrac{1}{2}r^2\dfrac{d\theta}{dt}$ の時間微分が

$$r\frac{dr}{dt}\frac{d\theta}{dt} + \frac{1}{2}r^2\frac{d^2\theta}{dt^2} = \frac{1}{2}r\left(2\frac{dr}{dt}\frac{d\theta}{dt} + r\frac{d^2\theta}{dt^2} \right) = 0$$

となるので、S という定数があって

$$\frac{1}{2}r^2\frac{d\theta}{dt} = S$$

となることがわかりますが、この式が面積速度一定の法則に他なりません。$S = 0$ なら θ が一定になり、原点を通る直線上の運動に帰着するので $S \neq 0$ とします。このとき、

$$\frac{d\theta}{dt} = \frac{2S}{r^2} \neq 0$$

なので、時間変数 t の代わりに θ を独立変数に選ぶことができます。

$$\frac{d^2r}{dt^2} - r\left(\frac{d\theta}{dt}\right)^2 = \frac{d^2r}{dt^2} - \frac{4S^2}{r^3} = -\frac{GM}{r^2}$$

となるので、$u = \dfrac{1}{r}$ とおきましょう。u を θ の関数とみなすと

$$\frac{du}{d\theta} = \frac{\frac{du}{dt}}{\frac{d\theta}{dt}} = \frac{-r^{-2}\frac{dr}{dt}}{2Sr^{-2}} = -\frac{1}{2S}\frac{dr}{dt}$$

なので、さらに θ で微分すると

$$\frac{d^2u}{d\theta^2} = \frac{-(2S)^{-1}\frac{d^2r}{dt^2}}{(2S)r^{-2}} = -\frac{1}{4S^2}r^2\frac{d^2r}{dt^2} = -\frac{1}{4S^2}r^2\left(\frac{4S^2}{r^3} - \frac{GM}{r^2}\right)$$

と計算できますから、微分方程式

$$\frac{d^2u}{d\theta^2} = -u + \frac{GM}{4S^2}$$

が得られます。必要なら直交座標系を回転して、初期値を $t = 0$ のとき $r = r_0 > 0$, $\theta = 0$ として、新しい直交座標系のもとで考えましょう。回転しただけなので θ の初期値が変わっただけで、r と u は回転する前と同じ t の関数です。また、$\dfrac{du}{d\theta}(0) = C$ とします。このとき、この微分方程式の解は

$$u = \left(\frac{1}{r_0} - \frac{GM}{4S^2}\right)\cos\theta + C\sin\theta + \frac{GM}{4S^2}$$

となります。以下で、このことを確かめてみましょう。

$$f(\theta) = u - \left(\frac{1}{r_0} - \frac{GM}{4S^2} \right) \cos\theta - C \sin\theta - \frac{GM}{4S^2}$$

とおき、

$$\frac{df}{d\theta} = \frac{du}{d\theta} + \left(\frac{1}{r_0} - \frac{GM}{4S^2} \right) \sin\theta - C \cos\theta$$

をもう 1 回 θ で微分すれば、$\dfrac{d^2 f}{d\theta^2} = -f$ になりますから、

$$F(\theta) = f^2 + \left(\frac{df}{d\theta} \right)^2$$

に対し、$\dfrac{dF}{d\theta} = 2\dfrac{df}{d\theta} \left(f + \dfrac{d^2 f}{d\theta^2} \right) = 0$ となり、$F(\theta)$ は定数関数です。
しかし

$$f(0) = 0, \quad \frac{df}{d\theta}(0) = 0$$

より $F(0) = 0$ なので、$F = 0$ です。とくに $f = 0$ より微分方程式の解が求まりました。

そこで

$$e = \frac{4S^2}{GM} \sqrt{\left(\frac{1}{r_0} - \frac{GM}{4S^2} \right)^2 + C^2}, \quad \ell = \frac{4S^2}{GM}$$

とおき、α を

$$\cos\alpha = \frac{\ell}{e} \left(\frac{1}{r_0} - \frac{GM}{4S^2} \right), \quad \sin\alpha = \frac{\ell}{e} C$$

により定めると、

$$u = \frac{e}{\ell} \left(\cos\theta \cos\alpha + \sin\theta \sin\alpha \right) + \frac{1}{\ell} = \frac{1}{\ell} \left(1 - e \cos(\theta + \pi - \alpha) \right)$$

なので、さらに直交座標を回転することで極方程式[5]

$$r = \frac{\ell}{1 - e \cos\theta}$$

が得られます。極方程式を直交座標系で書き直してみましょう。

---

[5] 極座標を用いて表した方程式を極方程式と呼びます。

$r - er\cos\theta = \ell$ なので

$$\sqrt{x^2 + y^2} = ex + \ell$$

となりますね。つまり $x > -\dfrac{\ell}{e}$ であって、

$$(1 - e^2)x^2 - 2e\ell x + y^2 = \ell^2$$

という方程式になります。

- $e = 1$ なら $y^2 = 2\ell x + \ell^2$ なので、$x^2 + y^2 = (x + \ell)^2$ と思えば、準線 $x = -\ell$ への垂線の長さと原点までの距離が等しい曲線、すなわち放物線になります。

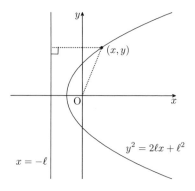

$$x = -\ell$$
$$y^2 = 2\ell x + \ell^2$$

- $e \neq 1$ のときは平方完成できて

$$(1 - e^2)\left(x - \frac{e\ell}{1 - e^2}\right)^2 + y^2 = \frac{\ell^2}{1 - e^2}$$

なので、$e > 1$ のときは

$$a = \frac{\ell}{e^2 - 1}, \quad b = \frac{\ell}{\sqrt{e^2 - 1}}, \quad c = \frac{e\ell}{e^2 - 1}$$

とおけば、上の方程式が

$$\frac{(x + c)^2}{a^2} - \frac{y^2}{b^2} = 1$$

になります。この方程式が双曲線を表すことを確認しましょう。

焦点 $(-c, 0)$ と $(c, 0)$ への距離の差が $2a$ になる曲線を考えると

$$\left| \sqrt{(x+c)^2 + y^2} - \sqrt{(x-c)^2 + y^2} \right| = 2a$$

つまり $\sqrt{(x+c)^2 + y^2} = \sqrt{(x-c)^2 + y^2} \pm 2a$ だから、両辺を 2 乗して

$$4cx - 4a^2 = \pm 4a\sqrt{(x-c)^2 + y^2}$$

です。そこで 4 で割ってさらに 2 乗すれば $(c^2 - a^2)x^2 + a^4 = a^2 c^2 + a^2 y^2$、つまり

$$(c^2 - a^2)x^2 - a^2 y^2 = a^2 c^2 - a^4 = a^2(c^2 - a^2)$$

となります。ここで $a^2 + b^2 = c^2$ に注意すれば

$$\frac{x^2}{a^2} - \frac{y^2}{b^2} = 1$$

が得られて双曲線になるのでした。この双曲線を平行移動すれば元の曲線の方程式になりますから、$x > -\dfrac{\ell}{e}$ だったことを思い出せば、焦点 $(-2c, 0)$ と原点への距離の差が $2a$ になる双曲線の右側の曲線を表していることがわかります。実際、左側の曲線の x 座標は最大でも

$$-a - c = -\frac{\ell}{e^2 - 1} - \frac{e\ell}{e^2 - 1} = -\frac{\ell}{e - 1} < -\frac{\ell}{e}$$

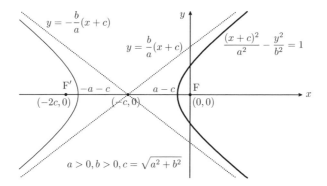

だからです。こうして、$e > 1$ のときの極方程式が双曲線（2 つの軌跡の一方のみ）の方程式になることがわかりました。

　他方、$0 < e < 1$ のときは

$$a = \frac{\ell}{1 - e^2}, \quad b = \frac{\ell}{\sqrt{1 - e^2}}, \quad c = \frac{e\ell}{1 - e^2}$$

とおけば、方程式が

$$\frac{(x - c)^2}{a^2} + \frac{y^2}{b^2} = 1$$

になります。この方程式が楕円を表すことを確認しましょう。焦点 $(-c, 0)$ と $(c, 0)$ への距離の和が $2a$ になる曲線を考えると

$$\sqrt{(x + c)^2 + y^2} + \sqrt{(x - c)^2 + y^2} = 2a$$

つまり $\sqrt{(x + c)^2 + y^2} = -\sqrt{(x - c)^2 + y^2} + 2a$ だから、両辺を 2 乗して

$$4cx - 4a^2 = -4a\sqrt{(x - c)^2 + y^2}$$

です。そこで 4 で割ってさらに 2 乗すれば、双曲線のときと同様の計算で

$$(c^2 - a^2)x^2 - a^2y^2 = a^2c^2 - a^4 = a^2(c^2 - a^2)$$

となります。ここで $a^2 - b^2 = c^2$ に注意すれば

$$\frac{x^2}{a^2} + \frac{y^2}{b^2} = 1$$

が得られて今度は楕円になります。この楕円を平行移動したものが元の曲線です。つまり $0 < e < 1$ のときの極方程式は楕円の方程式であり、この楕円上の点の x 座標の最小値は

$$-a + c = -\frac{\ell}{1 + e} > -\frac{\ell}{e}$$

なので、この楕円全部が極方程式から定まる曲線になっています。

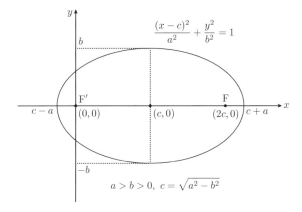

楕円、双曲線、放物線は直円錐を平面で切った断面として得られる図形であり、まとめて円錐曲線と呼ばれます。円錐曲線は古代ギリシャでアポロニウスにより研究されました。ここで、極方程式に現れる e を離心率と呼びます。

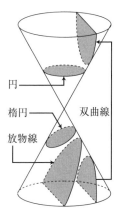

このように見てくると、ニュートン力学は素晴らしいですね。ところで、ここで説明したケプラーの法則の導出は完全に数学モデルの中の論理だけで閉じているでしょうか。実はそうではありません。まだ物理に頼っているところがあります。意外な盲点で気づいていない人も多いでしょう。問題は微分方程式を解くときに使われる三角関数に

あります。高校では、角度を物理的直感に頼って与えています。その結果として、角度が変数の三角関数も数学の論理だけでは定義されていないことになります。

　それでは、高校で弧度法をどういうふうに導入したかを思いだしてみましょう。まず単位円を描き、原点と $(1,0)$ を結ぶ線分を 1 辺とする扇形を考え、扇形の切り取る円弧の長さを θ として $\cos\theta$ と $\sin\theta$ を定義しました。しかし、円弧の長さは数学モデルの中でどう定義するのでしょうか。曲がった円弧をまっすぐに延ばして長さを測るのでは物理的な作業をすることになります。高校では円弧の長さは自明のものとして定義はせず、つまり物理的直感に頼って先に進むのです。

　昔から、大学初年次の微分積分学を教える教員は三角関数の論理的に厳密な導入に苦労してきました。たとえば最初に無限級数の理論を構築してのち

$$\cos x = \sum_{n=0}^{\infty} (-1)^n \frac{x^{2n}}{(2n)!}, \quad \sin x = \sum_{n=0}^{\infty} (-1)^n \frac{x^{2n+1}}{(2n+1)!}$$

と定義し、その後、この関数が高校で直感的に導入した三角関数に他ならないことを示していく、という論理構成の教科書さえあります。

　本書では、円周と直径の比という円周率の定義を平面の数学モデルの中で考え、論理が数学モデルの中で閉じた形で定義しようと思います。そのために私たちが頼るのは積分の理論です。

5.2　積分とは何か

　この節では、手始めに積分の理論を復習してみましょう。

　積分とは関数に対し実数を対応させる操作です。離散量 $a(1), \ldots, a(n)$ の和は

$$S = \sum_{k=1}^{n} a(k)$$

ですが、連続量の和を与えるのが積分です。たとえば、$f(x)$ が閉区間

$$[a, b] = \{x \in \mathbb{R} \mid a \leq x \leq b\}$$

上で定義された連続関数のとき、積分操作で

$$\int_a^b f(x)dx$$

という実数を対応させますが、実は、この積分操作にはリーマン積分とルベーグ積分の 2 種類があります。私たちが住む現実世界はただひとつしか存在しませんから、どっちが現実なのだろうと思うかもしれませんが、私たちが考えるのはあくまで数学モデルなので、そこに載せる積分理論が複数あっても何も不思議はありません。しかし安心してください。私たちが通常考える対象に対して、この 2 種類の積分は同じ値を与えます。大学初年次ではリーマン積分の理論を学ぶので、ここでもリーマン積分を採用しましょう。

さて、高校で区分求積法を学びます。区間 $[a, b]$ を n 等分して $n \to \infty$ とすると

$$\lim_{n \to \infty} \sum_{k=1}^n f\left(a + \frac{(b-a)k}{n}\right) \frac{b-a}{n} = \int_a^b f(x)dx$$

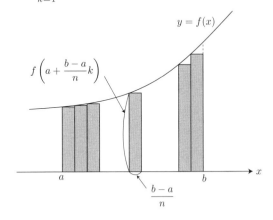

ですが、実はこれがほぼほぼ積分の定義なのです。$a = x_0 < \cdots < x_n = b$ をとり、

$$[a, b] = [x_0, x_1] \cup [x_1, x_2] \cup \cdots \cup [x_{n-1}, x_n]$$

と $[a, b]$ を小区間に分割して、$1 \leq k \leq n$ に対し $\xi_k \in [x_{k-1}, x_k]$ を選び

$$\sum_{k=1}^{n} f(\xi_k)(x_k - x_{k-1})$$

を考えます。小区間への分割の数 n を増やして、

$$\Delta = \max(x_1 - x_0, x_2 - x_1, \ldots, x_n - x_{n-1})$$

を小さくしていくとき、小区間への分割や $\xi_1, \ldots, \xi_n$ の取り方によらず一定の値 S に近づくならば、この値 S を

$$\int_a^b f(x)dx$$

と定義するのです。すると、微分積分学の基本定理が証明できます。すなわち、$f(x)$ が区間 $[a, b]$ 上の連続関数ならば

$$F(x) = \int_a^x f(t)dt$$

が矛盾なく定義できて、開区間 $(a, b) = \{x \in \mathbb{R} \mid a < x < b\}$ で微分可能になり、

$$\frac{dF}{dx} = f(x)$$

が成り立ちます。高校では、この定理をもとに積分を微分の逆操作として定義しているわけです。関数 $f(x, y)$ の有界集合 D 上の重積分

$$\iint_D f(x, y)dxdy$$

も同様の考え方で定義することになります。つまり

$$D \subseteq E = \{(x, y) \in \mathbb{R}^2 \mid a \leq x \leq b, \ c \leq y \leq d\}$$

となる長方形 E を選び、また

$$\tilde{f}(x, y) = \begin{cases} f(x, y) & (x, y) \in D \text{ のとき} \\ 0 & (x, y) \notin D \text{ のとき} \end{cases}$$

と定義します。$[a,b]$ の m 個の小区間への分割と、$[c,d]$ の n 個の小区間への分割を考えます。すると長方形 E が小さい長方形の集まりに分割されるので、各長方形 $[x_{k-1}, x_k] \times [y_{l-1}, y_l]$ 内の点 (ξ_{kl}, η_{kl}) を選んで

$$\sum_{k=1}^{m}\sum_{l=1}^{n} \tilde{f}(\xi_{kl}, \eta_{kl})(x_k - x_{k-1})(y_l - y_{l-1})$$

を考え、小区間への分割の数 m と n を増やして $x_k - x_{k-1}$ の最大値と $y_l - y_{l-1}$ の最大値を小さくしていきます。このとき、小区間への分割や (ξ_{kl}, η_{kl}) の取り方によらず上の多重和が一定の値 S に近づくならば、この値 S を

$$\iint_D f(x,y)dxdy$$

と定義します。

定義 5.1　平面内の有界集合 D に対し、$f(x,y) = 1$ の D 上の重積分の値が定義できるとき、またそのときに限り D が面積をもつと考え、

$$A(D) = \iint_D dxdy$$

を D の**面積**と呼ぶ。このとき、D が**面積確定**であるという。

　長方形の面積が隣接する 2 辺の長さの積で与えられることを考えれば、$A(D)$ を面積と呼ぶのは自然ですが、ここでの要点は、面積という概念が論理的に完結した形で明示的に定義されるところにあります。

　重積分を学ぶと次の定理が成り立つこともわかります。高校でも習う公式ですね。ただし、高校の教科書では面積と呼ぶことの妥当性を感覚的に理解させる以外の説明はなく、面積という概念自体は所与のものとして扱っています。ここでは、ユークリッド平面の数学モデル $\mathbb{R}^2$ においてまず面積という概念を定義し、定義からの演繹の帰結として定理を証明できる、という論理の流れで記述しています。そして、積分で定義された $A(D)$ という量を有界集合 D の面積と呼ぶことが

妥当かどうかは気にしていません。あくまで、論理に飛躍や矛盾がないかだけを気にしています。もちろん日常生活で理解している面積という概念をよく反映しているわけではあるのですけれど。

定理 5.2　$f(x), g(x)$ を閉区間 $[a, b]$ 上の連続関数とし、

$$f(a) = g(a), \quad f(b) = g(b), \quad f(x) \geq g(x)$$

が成り立つとする。このとき、

$$D = \{(x, y) \in \mathbb{R}^2 \mid a \leq x \leq b, \ g(x) \leq y \leq f(x)\}$$

は面積確定である。さらに面積の値は

$$A(D) = \int_a^b (f(x) - g(x))dx$$

に等しい。

　面積確定ならば、x 軸方向の積分を用いるか y 軸方向の積分を用いるかに関係なく同じ面積を与えるはずです。次の例で確かめてみましょう。

補題 5.3　連続関数 $f(x)$ を $a, b > 0$ に対し $f(a) = 0$, $f(0) = b$ をみたす単調減少関数とし、$x = g(y)$ を $y = f(x)$ の逆関数とする。このとき $g(y)$ が微分可能で $g'(y)$ が連続関数ならば

$$D = \{(x, y) \in \mathbb{R}^2 \mid 0 \leq x \leq a, \ 0 \leq y \leq f(x)\}$$
$$= \{(x, y) \in \mathbb{R}^2 \mid 0 \leq x \leq g(y), \ 0 \leq y \leq b\}$$

に対し

$$A(D) = \int_0^a f(x)dx = \int_0^b g(y)dy$$

が成り立つ。

（証明）置換積分と部分積分を続けて行えば

$$\int_0^a f(x)dx = \int_b^0 yg'(y)dy = \left[yg(y)\right]_b^0 - \int_b^0 g(y)dy = \int_0^b g(y)dy$$

を得る。　　　　　　　　　　　　　　　　　　　　　　　　□

　もちろん、$g(y)$ が微分可能という条件は強すぎます。しかし、高校数学の範囲ではこの仮定がないと証明できません。この条件をはずすためには、本来の重積分を用いた $A(D)$ の定義に戻り、累次積分を用いた重積分の計算法を確立する必要があります。このあたりにも論理だけで進む数学の大変さがいま見えることと思います。

5.3 広義積分

　たとえば、半開区間 $(0,1] = \{x \in \mathbb{R} \mid 0 < x \leq 1\}$ 上で定義された関数 $\dfrac{1}{\sqrt{x}}$ の積分を考えてみましょう。

$$\int_0^1 \frac{1}{\sqrt{x}}dx = \left[2\sqrt{x}\right]_0^1 = 2$$

と計算したくなります。連続関数 $f(x)$ が閉区間 $[a,b]$ の端点 $x = a$ で定義されていなくても、十分小さな正数 ϵ に対して

$$\int_{a+\epsilon}^b f(x)dx$$

は定義できるので、ϵ の 0 への近づき方によらず同じ値に収束するときは収束値を

$$\int_a^b f(x)dx$$

と定義します。このように定義される積分の値を**広義積分**と呼びます。$x = b$ で $f(x)$ が定義されていない場合も同様です。大学で次の定理を学びます。高校数学の範囲を越えるので本書では説明せずに認めるこ

ととします。

定理 5.4 $(a, b]$ で定義された連続関数 $f(x)$ が $M > 0$ と $0 < \alpha < 1$ に対し不等式

$$|f(x)| \leq \frac{M}{(x-a)^\alpha}$$

をみたすとする。このとき広義積分 $\displaystyle\int_a^b f(x)dx$ が矛盾なく定義される。

5.4 曲線分の弧長と円周率の定義

いよいよ、積分を用いて円周率の定義を与えます。そのためには、最初に曲線分の長さを定義する必要があります。$a \leq t \leq b$ で定義された平面曲線

$$C = \{(x(t), y(t)) \in \mathbb{R}^2 \mid a \leq t \leq b\}$$

を考えましょう。C を折れ線で近似するには、$\Delta x = \dfrac{b-a}{n}$ として C 上の点

$$(x_k, y_k) = (x(a + k\Delta x), y(a + k\Delta x)) \quad (0 \leq k \leq n)$$

をとり、$1 \leq k \leq n$ に対して (x_{k-1}, y_{k-1}) と (x_k, y_k) を結べばよいですね。この折れ線の長さは

$$\sum_{k=1}^{n} \sqrt{(x_k - x_{k-1})^2 + (y_k - y_{k-1})^2}$$

$$= \sum_{k=1}^{n} \sqrt{\left(\frac{x_k - x_{k-1}}{\Delta x}\right)^2 + \left(\frac{y_k - y_{k-1}}{\Delta x}\right)^2} \, \Delta x$$

なので、$n \to \infty$ の極限値が存在するときこの極限値が C の弧長を与えると期待するのは自然なことです。そこで、平面の数学モデルでは曲線の弧長を次のように定義します。

定義 5.5　閉区間 $[a, b]$ で定義された連続関数 $x(t), y(t)$ が $a < t < b$ で微分可能とする。このとき

$$C = \{(x(t), y(t)) \in \mathbb{R}^2 \mid a \le t \le b\}$$

に対し積分値

$$\ell(C) = \int_a^b \sqrt{\left(\frac{dx}{dt}\right)^2 + \left(\frac{dy}{dt}\right)^2}\, dt$$

が定義されるならば、この値を C の**弧長**と呼ぶ。

◆例 5.6　閉区間 $[a, b]$ 上の連続関数 $f(x)$ のグラフ

$$C = \{(x, y) \in \mathbb{R}^2 \mid a \le x \le b,\ y = f(x)\}$$

を考えます。$f(x)$ が開区間 (a, b) で微分可能で、導関数 $f'(x)$ を $[a, b]$ 上の連続関数と思えるならば、C に弧長を考えることができて

$$\ell(C) = \int_a^b \sqrt{1 + f'(x)^2}\, dx$$

となります。

　さて、円周率は円弧の長さを用いて定めるのでした。単位円の第一象限を考えると、$0 \le x \le 1$ での $y = f(x) = \sqrt{1 - x^2}$ のグラフが四分円になります。上で導入した平面の数学モデルにおける弧長の定義に従い、この四分円の弧長を求めましょう。

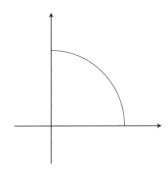

まず、$y^2 = 1 - x^2$ を微分すると、合成関数の微分法より

$$2y\frac{dy}{dx} = -2x$$

なので、$f'(x) = -\dfrac{x}{\sqrt{1-x^2}}$ となります。ゆえに、

$$\int_0^1 \sqrt{1 + f'(x)^2}dx = \int_0^1 \sqrt{1 + \left(\frac{-x}{\sqrt{1-x^2}}\right)^2}dx = \int_0^1 \frac{1}{\sqrt{1-x^2}}dx$$

となります。この積分は広義積分ですが、$0 \leq x \leq 1$ では $x^2 \leq x$ なので

$$\frac{1}{\sqrt{1-x^2}} \leq \frac{1}{\sqrt{1-x}}, \quad \int_0^1 \frac{1}{\sqrt{1-x}}dx = 2\left[-\sqrt{1-x}\right]_0^1 = 2 < \infty$$

となり、定理 5.4 により広義積分が有限値に確定します。以上から、平面の数学モデルにおける単位円の円周の長さは

$$4\int_0^1 \frac{1}{\sqrt{1-x^2}}dx$$

になります。そこで、平面の数学モデルでは、この値と直径の比を円周率と定義しましょう。

定義 5.7 平面の数学モデルにおいて円周率を

$$\pi = 2\int_0^1 \frac{1}{\sqrt{1-x^2}}dx$$

と定義する。

　円弧の長さを数学モデルの中で定義したので、弧度法による三角関数も数学モデルの中で厳密に定義できます。しかし、その論理展開から意外なことがわかります。三角関数より先に逆三角関数を定義する必要があるのです。次章では、高校で習う三角関数の定め方を復習したのち、その定め方における論理的な飛躍を指摘し、本章で定めた積分による円周率の定義を一般化することで、逆三角関数、三角関数の順に定義していきます。

6章

弧度法と三角関数の定義

6.1 三角関数の定義

　まず高校で習った鋭角の場合の三角関数の定義を思い出しましょう。下記のように直角三角形を考えたとき、3 辺の長さの比を考え、三角関数を

$$\cos\theta = \frac{\text{AB}}{\text{AC}}, \quad \sin\theta = \frac{\text{BC}}{\text{AC}}$$

と定義するのでした。

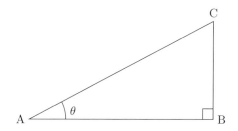

　ここで問題は角度の測り方にあります。微分積分学では角度を弧度法で測る必要があります。単位円において、原点と $(1, 0)$ を結ぶ線分を 1 辺とする扇形を考え、この扇形の円弧の長さを θ とするのでした。

　円周率を定義したときと同様に、θ が鋭角ならば第一象限に含まれる半径 1 の四分円を考えることになります。この四分円は

$$y = f(x) = \sqrt{1 - x^2} \quad (0 \le x \le 1)$$

と関数のグラフで表すことができて、

$$f'(x) = -\frac{x}{\sqrt{1-x^2}}$$

だったので、原点と $(1,0)$ を結ぶ線分と原点と (x,y) を結ぶ線分が扇形のふたつの辺ならば

$$\theta = \int_x^1 \sqrt{1 + f'(z)^2}\, dz = \int_x^1 \frac{1}{\sqrt{1-z^2}}\, dz$$

となります。単位円を書いて物理的な意味を考えると、第一象限にある四分円上の点の x 座標に対し、この点と原点を結ぶ線分が x 軸となす角を対応させる関数です。物理的直感に頼って弧長の存在を自明とするのではなく、弧長の定義から始める必要がある以上、θ を x の関数として表すことが最初に必要となるのです。

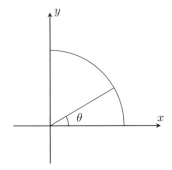

$w = \sqrt{1-z^2}$ を逆に解いて、逆関数を考えると

$$z = \sqrt{1-w^2}, \quad \frac{dz}{dw} = -\frac{w}{\sqrt{1-w^2}} \quad (0 \le w \le 1)$$

なので、置換積分の公式より

$$\theta = \int_y^0 \frac{1}{w}\left(-\frac{w}{\sqrt{1-w^2}}\right) dw = \int_0^y \frac{1}{\sqrt{1-w^2}}\, dw$$

でもあります。単位円を書いて物理的な意味を考えると、今度は第一象限にある四分円上の点の y 座標に対し、この点と原点を結ぶ線分が

x 軸となす角 θ を対応させる関数と解釈できます。そこで、逆正弦関数を $0 \leq y \leq 1$ に対し

$$\mathrm{Arcsin}\, y = \int_0^y \frac{1}{\sqrt{1-w^2}} dw$$

と定義すれば、$\mathrm{Arcsin}\, y$ は単調増加関数であり、円周率 π の定義にも注意すれば

$$\mathrm{Arcsin}\, 0 = 0, \quad \mathrm{Arcsin}\, 1 = \frac{\pi}{2}$$

となります。とくに、$0 \leq y \leq 1$ のとき、$0 \leq \theta \leq \dfrac{\pi}{2}$ となります。

　第四象限に含まれる四分円を考えると、x 軸に関して線対称であり、角度を負の方向に測る習慣なので、$\mathrm{Arcsin}\, y$ を奇関数に拡張することにします。すると、$-1 \leq y \leq 0$ のときも同じ積分表示で定義してよいことになります。以上は高校で習った角度の測り方に定義を寄せていくための考察に過ぎませんが、このような考察を背景に次のように逆正弦関数を定義することにしましょう。

定義 6.1　$-1 \leq y \leq 1$ に対し、**逆正弦関数**を

$$\mathrm{Arcsin}\, y = \int_0^y \frac{1}{\sqrt{1-w^2}} dw$$

と定義する。

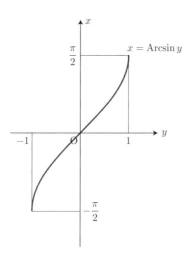

定義 6.2　$-\dfrac{\pi}{2} \leq x \leq \dfrac{\pi}{2}$ に対し、$x = \mathrm{Arcsin}\, y$ となる y を $y = \sin x$ と書く。

　正弦関数の定義域を実数全体にするために、一般角の正弦関数を次のように定義しましょう。

定義 6.3　$x \in \mathbb{R}$ に対し、整数 $n \in \mathbb{Z}$ を

$$-\frac{\pi}{2} \leq x - n\pi \leq \frac{\pi}{2}$$

となるように選び、$\sin x = (-1)^n \sin(x - n\pi)$ と定義する。

補題 6.4　正弦関数は奇関数である。

（証明）$-\dfrac{\pi}{2} \leq x \leq \dfrac{\pi}{2}$ のときは $x = \mathrm{Arcsin}\, y$ が奇関数だから正しい。$x \in \mathbb{R}$ を一般角とする。

$$-\frac{\pi}{2} \leq x - n\pi \leq \frac{\pi}{2}$$

と整数 $n \in \mathbb{Z}$ を選べば

$$-\frac{\pi}{2} \leq -x + n\pi \leq \frac{\pi}{2}$$

となるから、$\sin(-x + n\pi) = -\sin(x - n\pi)$ が成り立ち、

$$\sin(-x) = (-1)^{-n} \sin(-x + n\pi) = -(-1)^n \sin(x - n\pi) = -\sin x$$

を得る。　　　　　　　　　　　　　　　　　　　　　　　　　　□

注 6.1　$\dfrac{\pi}{2} + n\pi = -\dfrac{\pi}{2} + (n+1)\pi$ ですが、

$$(-1)^{n+1} \sin\left(-\frac{\pi}{2}\right) = (-1)^n \sin \frac{\pi}{2}$$

なので、一般角に対する正弦関数が矛盾なく定義できています。

注 6.2 $x \in \mathbb{R}$ に対し、整数 $n \in \mathbb{Z}$ を定義 6.3 のように選ぶと

$$x - n\pi = \int_0^{(-1)^n \sin x} \frac{1}{\sqrt{1 - w^2}} dw$$

が成り立ちます。

$\sin x$ を**正弦関数**と呼ぶのでした。次に逆余弦関数を導入したいのですが、まず $0 \leq x \leq 1$ に対し

$$\mathrm{Arccos}\, x = \int_x^1 \frac{1}{\sqrt{1 - z^2}} dz$$

と定めます。単位円を書いて物理的な意味を考えると、第一象限にある四分円上の点の x 座標に対し、この点と原点を結ぶ線分が x 軸となす角を対応させる関数と解釈できるのでした。ここで

$$\mathrm{Arcsin}\, x + \mathrm{Arccos}\, x = \int_0^x \frac{1}{\sqrt{1 - w^2}} dw + \int_x^1 \frac{1}{\sqrt{1 - z^2}} dz$$
$$= \int_0^1 \frac{1}{\sqrt{1 - x^2}} dx = \frac{\pi}{2}$$

に注目し、この式をもとに $\mathrm{Arccos}\, x$ の定義域を $-1 \leq x \leq 1$ に延長しましょう。

定義 6.5 $-1 \leq x \leq 1$ に対し、**逆余弦関数**を

$$\mathrm{Arccos}\, x = \frac{\pi}{2} - \mathrm{Arcsin}\, x = \int_x^1 \frac{1}{\sqrt{1 - z^2}} dz$$

と定義する。

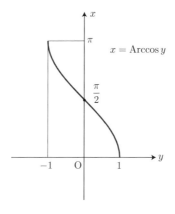

逆余弦関数は単調減少であり、値域は $0 \leq \mathrm{Arccos}\, x \leq \pi$ なので、逆余弦関数の逆関数として余弦関数を導入することができます。

定義6.6　$0 \leq x \leq \pi$ に対して、$x = \mathrm{Arccos}\, y$ をみたす $-1 \leq y \leq 1$ を $y = \cos x$ と書く。さらに、$x \in \mathbb{R}$ に対し、整数 $n \in \mathbb{Z}$ を

$$0 \leq x - n\pi \leq \pi$$

となるように選び、$\cos x = (-1)^n \cos(x - n\pi)$ と定義する。$\cos x$ を**余弦関数**と呼ぶ。

命題6.7　次の公式が成り立つ。
$$\cos\left(\frac{\pi}{2} - x\right) = \sin x, \quad \sin\left(\frac{\pi}{2} - x\right) = \cos x$$

（証明）右側の公式は左側の公式の x に $\frac{\pi}{2} - x$ を代入すれば得られるから、左側の公式を示す。

まず最初に $-\frac{\pi}{2} \leq x \leq \frac{\pi}{2}$ とする。このとき

$$0 \leq \frac{\pi}{2} - x \leq \pi$$

であり、$y = \sin x$ とおけば、$\mathrm{Arccos}\, y = \frac{\pi}{2} - \mathrm{Arcsin}\, y = \frac{\pi}{2} - x$ より $0 \leq \mathrm{Arccos}\, y \leq \pi$ となる。このとき、

$$\sin x = y = \cos(\mathrm{Arccos}\, y) = \cos\left(\frac{\pi}{2} - \mathrm{Arcsin}\, y\right) = \cos\left(\frac{\pi}{2} - x\right)$$

が成り立つ。次に、一般角 $x \in \mathbb{R}$ に対し整数 $n \in \mathbb{Z}$ を

$$-\frac{\pi}{2} \leq x - n\pi \leq \frac{\pi}{2}$$

となるように選ぶと、

$$\sin x = (-1)^n \sin(x - n\pi) = (-1)^n \cos\left(\frac{\pi}{2} - x + n\pi\right)$$

であるが、$0 \leq \dfrac{\pi}{2} - x + n\pi \leq \pi$ より

$$\cos\left(\frac{\pi}{2} - x\right) = (-1)^n \cos\left(\frac{\pi}{2} - x + n\pi\right)$$

でもある。ゆえに $\cos\left(\dfrac{\pi}{2} - x\right) = \sin x$ が成り立つ。　　□

注 6.3　$x \in \mathbb{R}$ に対し、整数 $n \in \mathbb{Z}$ を定義 6.6 のように選ぶと

$$x - n\pi = \frac{\pi}{2} - \int_0^{(-1)^n \cos x} \frac{1}{\sqrt{1 - z^2}} dz = \frac{\pi}{2} - (-1)^n \operatorname{Arcsin}(\cos x)$$

が成り立ちます。

補題 6.8　余弦関数は偶関数である。

（証明）$x \in \mathbb{R}$ に対し、$0 \leq x - n\pi \leq \pi$ と整数 $n \in \mathbb{Z}$ を選ぶと、

$$0 \leq -x + (n+1)\pi \leq \pi$$

となるから、

$$x - n\pi = \frac{\pi}{2} - \int_0^{(-1)^n \cos x} \frac{1}{\sqrt{1 - z^2}} dz,$$

$$-x + (n+1)\pi = \frac{\pi}{2} - \int_0^{(-1)^{n+1} \cos(-x)} \frac{1}{\sqrt{1 - z^2}} dz$$

である。両式を足すと、

$$\operatorname{Arcsin}((-1)^n \cos x) + \operatorname{Arcsin}((-1)^{n+1} \cos(-x)) = 0$$

となるが、逆正弦関数 $\operatorname{Arcsin} y$ が奇関数であることを思い出せば

$$\operatorname{Arcsin}((-1)^n \cos x) = (-1)^n \operatorname{Arcsin}(\cos x),$$

$$\operatorname{Arcsin}((-1)^{n+1} \cos(-x)) = (-1)^{n+1} \operatorname{Arcsin}(\cos(-x))$$

だから、$\operatorname{Arcsin}(\cos x) = \operatorname{Arcsin}(\cos(-x))$ であり、

$$\cos(-x) = \sin(\operatorname{Arcsin}(\cos(-x))) = \sin(\operatorname{Arcsin}(\cos x)) = \cos x$$

より $\cos(-x) = \cos x$ を得る。　　□

> **補題 6.9**　$\cos^2 x + \sin^2 x = 1$ が成り立つ。

（証明）まず $0 \le x \le \dfrac{\pi}{2}$ の場合を考える。$y = \sin x$ とおくとき、

$$\mathrm{Arccos}\sqrt{1 - y^2} = \int_{\sqrt{1-y^2}}^{1} \frac{1}{\sqrt{1 - z^2}}dz$$

であるが、$\sqrt{1 - y^2} \le z \le 1$ に対し $w = \sqrt{1 - z^2}$ と置換積分すれば

$$\int_{\sqrt{1-y^2}}^{1} \frac{1}{\sqrt{1 - z^2}}dz = \int_{y}^{0} \frac{1}{w}\left(-\frac{w}{\sqrt{1 - w^2}}\right)dw$$
$$= \int_{0}^{y} \frac{1}{\sqrt{1 - w^2}}dw$$
$$= \mathrm{Arcsin}\, y = x$$

となるので、$\cos x = \sqrt{1 - y^2}$ を得る。$\sin x = y$ と併せて、

$$\cos^2 x + \sin^2 x = (1 - y^2) + y^2 = 1$$

となる。次に一般角 $x \in \mathbb{R}$ に対し、

$$-\frac{\pi}{2} \le x - n\pi \le \frac{\pi}{2}$$

となる整数 $n \in \mathbb{Z}$ を選ぶ。$x - n\pi \ge 0$ ならば

$$\cos^2(x - n\pi) + \sin^2(x - n\pi) = 1$$

がすでに証明されているから、

$$\cos x = (-1)^n \cos(x - n\pi), \quad \sin x = (-1)^n \sin(x - n\pi)$$

より $\cos^2 x + \sin^2 x = 1$ である。$x - n\pi \le 0$ ならば

$$\frac{\pi}{2} \le x - (n-1)\pi \le \pi$$

だから、余弦関数が偶関数であることより

$$\cos(n\pi - x) = \cos(x - n\pi) = (-1)\cos(x - (n-1)\pi) = -(-1)^{n-1}\cos x$$

を得る。他方で、正弦関数が奇関数であることより

$$\sin(n\pi - x) = -\sin(x - n\pi) = -(-1)^n \sin x$$

を得るから、

$$\cos^2 x + \sin^2 x = \cos^2(n\pi - x) + \sin^2(n\pi - x)$$

となるが、

$$0 \le n\pi - x \le \frac{\pi}{2}$$

だから、右辺が 1 になることはすでに証明されている。　　　□

このようにして、最初にきちんと弧度法の角度の測り方を定義し、三角関数を一般角に対して定義することができました。得られた描像は高校でおなじみのものです。たとえば、θ が鋭角ならば単位円上の点 $(\cos\theta, \sin\theta)$ と角度 θ の関係は下図のようになります。

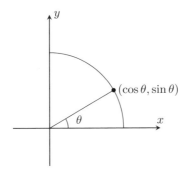

次にこの描像を用いて三角関数の加法定理を導出してみましょう。平面上の点 (x, y) を原点中心に θ 回転した点が (x', y') のとき、(x, y) の位置ベクトルを

$$\begin{pmatrix} x \\ y \end{pmatrix} = x \begin{pmatrix} 1 \\ 0 \end{pmatrix} + y \begin{pmatrix} 0 \\ 1 \end{pmatrix}$$

とベクトルの和の形に表して、原点中心に θ 回転すると

$$\begin{pmatrix} x' \\ y' \end{pmatrix} = x \begin{pmatrix} \cos\theta \\ \sin\theta \end{pmatrix} + y \begin{pmatrix} -\sin\theta \\ \cos\theta \end{pmatrix}$$

すなわち、$(x', y') = (x\cos\theta - y\sin\theta, x\sin\theta + y\cos\theta)$ となります。この公式を用いれば、原点中心 α 回転と原点中心 β 回転の合成が原点中心 $\alpha + \beta$ 回転に等しいことから、三角関数の加法定理

$$\cos(\alpha + \beta) = \cos\alpha\cos\beta - \sin\alpha\sin\beta$$

$$\sin(\alpha + \beta) = \sin\alpha\cos\beta + \cos\alpha\sin\beta$$

が証明できます。別の導出方法もあります。

　ユークリッド平面上の 2 点 (x_1, y_1), (x_2, y_2) を結ぶ線分は

$$(x, y) = (tx_1 + (1 - t)x_2, ty_1 + (1 - t)y_2) \quad (0 \le t \le 1)$$

なので、弧長の定義より線分の長さは

$$\int_0^1 \sqrt{(x_1 - x_2)^2 + (y_1 - y_2)^2}dt = \sqrt{(x_1 - x_2)^2 + (y_1 - y_2)^2}$$

となり、三平方の定理による距離の計算方法が復元されます。とくに、平行移動で距離は変わりません。また、$x = x_1 - x_2$, $y = y_1 - y_2$ とすると

$$(x\cos\theta - y\sin\theta)^2 + (x\sin\theta + y\cos\theta)^2 = x^2 + y^2$$

より原点中心の回転で距離が変わらないこともわかります。そこで、$(\cos\alpha, \sin\alpha)$ と $(\cos\beta, -\sin\beta)$ の距離を考えると、この距離は $(\cos(\alpha + \beta), \sin(\alpha + \beta))$ と $(1, 0)$ の距離に等しく、

$$(\cos\alpha - \cos\beta)^2 + (\sin\alpha + \sin\beta)^2 = (\cos(\alpha + \beta) - 1)^2 + \sin(\alpha + \beta)^2$$

を整理することで余弦関数の加法定理が得られます。さらに、正弦関

数が奇関数で余弦関数が偶関数であることと命題 6.7 を用いれば

$$\sin(\alpha + \beta) = \cos\left(\frac{\pi}{2} - \alpha - \beta\right)$$

$$= \cos\left(\frac{\pi}{2} - \alpha\right)\cos(-\beta) - \sin\left(\frac{\pi}{2} - \alpha\right)\sin(-\beta)$$

$$= \sin\alpha\cos\beta + \cos\alpha\sin\beta$$

より、正弦関数の加法定理も得られます。

6.2 三角関数の微分

三角関数を逆三角関数の逆関数として定めたので、

$$\lim_{x \to 0} \frac{\sin x}{x} = 1$$

も証明できます。実際、$y = \sin x$ とすると、

$$\lim_{x \to 0} \frac{\sin x}{x} = \lim_{y \to 0} \frac{y}{\operatorname{Arcsin} y} = \frac{1}{(\operatorname{Arcsin} y)'(0)}$$

ですが、微積分学の基本定理から得られる

$$(\operatorname{Arcsin} y)' = \frac{1}{\sqrt{1 - y^2}}$$

に $y = 0$ を代入すれば $(\operatorname{Arcsin} y)'(0) = 1$ とわかります。

高校では、この極限値の公式と三角関数の加法定理を用いて次の命題 6.10 を証明しますが、教科書に載っている証明では円の面積公式を使うので、循環論法と批判されてきました。本書では $-\frac{\pi}{2} < x < \frac{\pi}{2}$ での正弦関数 $y = \sin x$ を逆三角関数 $x = \operatorname{Arcsin} y$ の逆関数として定義し、$\lim_{x \to 0} \frac{\sin x}{x} = 1$ を上記のように証明しているので循環論法には陥りませんが、なぜ循環論法と言われるのか、その理由は次章で詳しく見ていきましょう。ここでは加法定理を使わずに命題 6.10 を証明

します。そして、高校での論理の流れとは逆に、命題 6.10 をもとに三角関数の加法定理を別の方法で証明します。

命題6.10　正弦関数と余弦関数は微分可能であり、次の公式が成り立つ。
$$(\sin x)' = \cos x, \quad (\cos x)' = -\sin x$$

（証明）最初に $y = \sin x$ を考え、
$$0 \le x < \frac{\pi}{2}$$
に対し $(\sin x)' = \cos x$ を示す。$x = \mathrm{Arcsin}\, y$ であり、合成関数の微分法より
$$\frac{dy}{dx}\frac{dx}{dy} = 1$$
である。ここで、微分積分学の基本定理より
$$\frac{dx}{dy} = \frac{d}{dy}\left(\int_0^y \frac{1}{\sqrt{1-w^2}}dw\right) = \frac{1}{\sqrt{1-y^2}} = \frac{1}{\sqrt{1-\sin^2 x}}$$
であるが、
$$\int_0^{\cos x} \frac{1}{\sqrt{1-z^2}}dz = \frac{\pi}{2} - x > 0$$
より $\cos x > 0$ であり、補題 6.9 より $\cos^2 x + \sin^2 x = 1$ だから、
$$\sqrt{1-\sin^2 x} = \sqrt{\cos^2 x} = \cos x$$
となる。ゆえに、$(\sin x)' = \cos x$ である。奇関数の微分は偶関数になるので、
$$-\frac{\pi}{2} < x < \frac{\pi}{2}$$
に対し $(\sin x)' = \cos x$ を示したことになる。

　次に $y = \cos x$ を考え、同様の考え方で $0 < x < \pi$ に対し $(\cos x)' = -\sin x$ を示そう。$x = \mathrm{Arccos}\, y$ より
$$\frac{dx}{dy} = \frac{d}{dy}\left(\int_y^1 \frac{1}{\sqrt{1-w^2}}dw\right) = -\frac{1}{\sqrt{1-y^2}} = -\frac{1}{\sqrt{1-\cos^2 x}}$$

である。ここで、$0 < x \leq \dfrac{\pi}{2}$ ならば

$$\int_0^{\sin x} \frac{1}{\sqrt{1-z^2}} dz = x > 0$$

より $\sin x > 0$ であり、$\dfrac{\pi}{2} \leq x < \pi$ ならば $-\dfrac{\pi}{2} \leq x - \pi < 0$ なので、

$$\int_0^{-\sin x} \frac{1}{\sqrt{1-z^2}} dz = x - \pi < 0$$

より $\sin x > 0$ だから、$(\cos x)' = -\sqrt{1 - \cos^2 x} = -\sin x$ になる。

　$\sin x$ が実数全体で微分可能であることを示すには、関数をつないだ両端 $x = \pm\dfrac{\pi}{2}$ で右微分係数と左微分係数が一致することを示す必要がある。$y = \sin x$ に対し

$$\frac{\sin x - 1}{x - \frac{\pi}{2}} = \frac{y - 1}{\operatorname{Arcsin} y - \frac{\pi}{2}}$$

を考える。逆正弦関数は閉区間 $[y, 1]$ で連続かつ開区間 $(y, 1)$ で微分可能だから、平均値の定理が適用できて、$y < \xi < 1$ をみたす ξ に対し

$$\frac{y - 1}{\operatorname{Arcsin} y - \frac{\pi}{2}} = \frac{1}{\frac{1}{\sqrt{1-\xi^2}}} = \sqrt{1 - \xi^2}$$

となる。$y \to 1$ とすれば $\xi \to 1$ なので左微分係数が 0 とわかる。同様に

$$\frac{\sin x - (-1)}{x - \left(-\frac{\pi}{2}\right)} = \frac{y + 1}{\operatorname{Arcsin} y + \frac{\pi}{2}}$$

を考えると、逆正弦関数は閉区間 $[-1, y]$ で連続かつ開区間 $(-1, y)$ で微分可能だから、平均値の定理が適用できて、$-1 < \xi < y$ をみたす ξ に対し

$$\frac{y + 1}{\operatorname{Arcsin} y + \frac{\pi}{2}} = \frac{1}{\frac{1}{\sqrt{1-\xi^2}}} = \sqrt{1 - \xi^2}$$

となる。$y \to -1$ とすれば $\xi \to -1$ なので右微分係数も 0 とわかる。ゆえに $\sin x$ は実数全体で微分可能な関数であり、$(\sin x)' = \cos x$ が実数全体で成り立つ。

$\cos x$ が実数全体で微分可能であることを示すには、$x = \pi$ での右微分係数と $x = 0$ での左微分係数が一致することを示す必要がある。$y = \cos x$ に対し

$$\frac{\cos x - 1}{x} = \frac{y - 1}{\mathrm{Arccos}\, y}, \quad \frac{\cos x - (-1)}{x - \pi} = \frac{y + 1}{\mathrm{Arccos}\, y - \pi}$$

に対して平均値の定理を適用すれば、この場合も右微分係数と左微分係数が 0 になり、$(\cos x)' = -\sin x$ が実数全体で成り立つことがわかる。 □

命題 6.10 を用いれば、三角関数の加法定理のさらなる別証明も得られます。

命題 6.11　正弦関数と余弦関数の加法定理が成り立つ。

（証明）$f(x) = \cos(x + \beta) - \cos x \cos \beta + \sin x \sin \beta$ とおくと、命題 6.10 より

$$\frac{df}{dx} = -\sin(x + \beta) + \sin x \cos \beta + \cos x \sin \beta$$

であり、もう 1 回微分すれば

$$\frac{d^2 f}{dx^2} = -f, \quad f(0) = 0, \quad \frac{df}{dx}(0) = 0$$

を得る。ここで

$$F(x) = f(x)^2 + \left(\frac{df}{dx}\right)^2$$

とおけば、$F(0) = 0$ かつ

$$\frac{dF}{dx} = 2\frac{df}{dx}\left(f(x) + \frac{d^2 f}{dx^2}\right) = 0$$

なので、$F(x) = 0$ を得る。ゆえに、$f(x) = 0$ であり、

$$\cos(x + \beta) = \cos x \cos \beta - \sin x \sin \beta$$

となるから、$x = \alpha$ とおけば余弦関数の加法公式が得られる。

また、$f(x) = \sin(x + \beta) - \sin x \cos \beta - \cos x \sin \beta$ に対し同じ議論を行えば、正弦関数の加法公式も得られる。 □

6.3 指数関数の定義

円周率の話からややはずれますが、三角関数を逆三角関数の逆関数と定義した流儀に則って指数関数を導入してみましょう。この流儀は

　　吉田耕作著「私の微分積分法 解析入門」ちくま学芸文庫

§24 でも採用されており、昔から高校数学と大学数学の接続についていろいろな考え方があることが窺えます。

高校では指数関数をまず有理数に対して定義します。実数 $a > 1$ を指数関数の底とします。自然数 p, q を用いて有理数を

$$x = \frac{p}{q}$$

と表したとき、$y = x^q$ が $x > 0$ で単調増加な連続関数かつ

$$\lim_{x \to \infty} x^q = \infty$$

になることから、$y = a^p$ に対する x の値がただひとつ存在します。この値 $\sqrt[q]{a^p}$ を a^x と定義します。次に、任意の実数 $x \in \mathbb{R}$ に対しても有理数列での近似を用いれば、数直線上の点をすべて埋めることができて a^x が定義できると説明します。大学に入ってコーシー列の理論を学べばこの説明を正当化できて、$\mathbb{R}$ 上定義された連続関数 a^x が得られます。また、$0 < a < 1$ のときは

$$a^x = \frac{1}{(1/a)^x}$$

と定義します。さらに、ネイピアの数を

$$e = \lim_{n \to \infty} \left(1 + \frac{1}{n}\right)^n$$

と定めることで指数関数 e^x を定義することができます。

　ここでは、逆三角関数の逆関数として三角関数を定義した流儀に従って、指数関数を対数関数の逆関数として定義します。

定義 6.12　$x \in \mathbb{R}$ を正の実数とする。このとき

$$\log x = \int_1^x \frac{1}{t} dt$$

と定義し、**対数関数**と呼ぶ。

　微分積分学の基本定理により $\log x$ は微分可能であり、

$$(\log x)' = \frac{1}{x}$$

です。また、$0 < x_1 < x_2$ のとき

$$\log x_2 - \log x_1 = \int_1^{x_2} \frac{1}{t} dt - \int_1^{x_1} \frac{1}{t} dt = \int_{x_1}^{x_2} \frac{1}{t} dt > 0$$

だから、対数関数は $(0, \infty) = \{x \in \mathbb{R} \mid x > 0\}$ を定義域とする単調増加関数です。

補題 6.13　$\alpha = \dfrac{p}{q}$ が有理数ならば、$(0, \infty) = \{x \in \mathbb{R} \mid x > 0\}$ 上の関数 x^α に対し

$$(x^\alpha)' = \alpha x^{\alpha-1}$$

が成り立つ。

（証明）q を自然数、$y = \sqrt[q]{x}$ $(x > 0)$ とする。$y^q = x$ を微分すれば、合成関数の微分法より、

$$qy^{q-1} \frac{dy}{dx} = 1$$

となる。つまり、

$$(\sqrt[q]{x})' = \frac{1}{q}(\sqrt[q]{x})^{1-q}$$

である。また、p が自然数ならば多項式の微分法より $(x^p)' = px^{p-1}$ であり、$-p$ が自然数ならば商の微分法よりやはり $(x^p)' = px^{p-1}$ が成り立つ。ゆえに、

$$(x^\alpha)' = (\sqrt[q]{x^p})' = p(\sqrt[q]{x})^{p-1}(\sqrt[q]{x})' = \frac{p}{q}\sqrt[q]{x}^{p-1+1-q} = \alpha x^{\alpha-1}$$

が成り立つ。 □

補題 6.14 任意の $y \in \mathbb{R}$ に対し $y = \log x$ をみたす $x \in \mathbb{R}$ がただひとつ存在する。

（証明）$\epsilon > 0$ を有理数とすると、$t \geq 1$ に対して $t^{1+\epsilon} \geq t$ だから

$$\frac{1}{t} \geq \frac{1}{t^{1+\epsilon}} \quad (t \geq 1)$$

が成り立つ。ゆえに $x \geq 1$ に対し

$$\log x = \int_1^x \frac{1}{t}dt \geq \int_1^x \frac{1}{t^{1+\epsilon}}dt = \left[-\frac{1}{\epsilon}t^{-\epsilon}\right]_1^x = \frac{1}{\epsilon}\left(1 - \frac{1}{x^\epsilon}\right)$$

となる。$\log x$ は単調増加関数だから、$x \to \infty$ で無限大に発散するかまたは有限値に収束するかのどちらかである。有限値に収束するとして矛盾を導こう。ある自然数 M があり、すべての $x > 0$ に対し $\log x \leq M$ のとき

$$\epsilon = \frac{1}{M+1}$$

とおく。すると

$$\frac{1}{\epsilon}\left(1 - \frac{1}{x^\epsilon}\right) \leq \log x \leq M$$

であるから、すべての $x > 0$ に対し不等式

$$(M+1)\left(1 - \frac{1}{x^\epsilon}\right) \leq M$$

が成り立つが、$x \to \infty$ とすると $M+1 \leq M$ となり矛盾である。ゆえに

$$\lim_{x \to \infty} \log x = \infty$$

となる。他方、置換積分の公式より $s = \dfrac{1}{t}$ に対し

$$\log x = \int_1^x \frac{1}{t}dt = \int_1^{1/x} s\left(-\frac{1}{s^2}ds\right) = -\int_1^{1/x}\frac{1}{s}ds = -\log\left(\frac{1}{x}\right)$$

であるから、$x > 0$ を 0 に近づけると $\log x$ は $-\infty$ に発散する。ゆえに、任意の $y \in \mathbb{R}$ に対して $y = \log x$ となる $x > 0$ がただひとつ存在する。 □

補題 6.14 より対数関数の逆関数が存在するので、指数関数が次のように定義できます。

定義 6.15 $x = \log y$ のとき、$y = \exp x$ と書き、$\exp x$ を**指数関数**と呼ぶ。

命題 6.16 指数法則 $\exp(x + y) = (\exp x)(\exp y)$ と $(\exp x)' = \exp x$ が成り立つ。

（証明）指数関数の定義より

$$\log \exp(x + y) = x + y = \log(\exp x) + \log(\exp y)$$

だから、$a, b > 0$ のとき $\log ab = \log a + \log b$ を示せばよい。

$$\log ab = \int_1^{ab}\frac{1}{t}dt = \int_1^a\frac{1}{t}dt + \int_a^{ab}\frac{1}{t}dt = \log a + \int_a^{ab}\frac{1}{t}dt$$

なので、一番右側の式の第 2 項を $t = as$ と置換積分すれば

$$\int_a^{ab}\frac{1}{t}dt = \int_1^b\frac{1}{as}ads = \int_1^b\frac{1}{s}ds = \log b$$

となり、$\log ab = \log a + \log b$ を得る。

また、$y = \exp x$ のとき $x = \log y$ だから、合成関数の微分法より

$$1 = \frac{1}{y}\frac{dy}{dx}$$

となり、$(\exp x)' = \exp x$ を得る。 □

$x = 1$ のときの $\exp x$ の値を e と書き、ネイピアの数と呼びます（注 6.4 参照）。指数法則より次の式が成り立つことがわかります。

系 6.17 自然数 p, q に対して $x = \dfrac{p}{q}$ とおけば、$\exp x = \sqrt[q]{e^p} = e^x$ が成り立つ。

（証明）指数法則より

$$(\exp x)^q = \exp(qx) = \exp p = (\exp 1)^p = e^p$$

となるが、指数関数の定義より $\exp x > 0$ なので、q 乗根をとれば $\exp x = \sqrt[q]{e^p}$ である。　　　　　　　　□

注 6.4 次の章で説明する指数関数のマクローリン展開を用いれば

$$e = \sum_{k=0}^{\infty} \frac{1}{k!}$$

がわかり、他方で、大学初年次の微分積分学の教科書に書いてあるとおり、

$$\lim_{n \to \infty} \left(1 + \frac{1}{n}\right)^n = \sum_{k=0}^{\infty} \frac{1}{k!}$$

が証明できるので、$\exp 1 = e$ は確かにネイピアの数です。さらに、系 6.17 より $\exp x$ と e^x はすべての有理数で値が一致する連続関数ですから、$\exp x$ は e^x に他なりません。

円周率 π には種々の公式があります。オイラーの公式 $e^{i\pi} = -1$ がもっとも有名ですが、π を無限級数で表す公式もあります。次章では、これらの公式の基礎となる冪級数の理論を紹介し、いくつか公式を導いたあと、弧度法と関わる公式 $\lim_{\theta \to 0} \dfrac{\sin \theta}{\theta} = 1$ の証明の話題に戻ります。高校数学ではこの公式を用いて命題 6.10 を証明するのでした。

7章

定義域の複素数への拡張

7.1 冪級数と収束半径

0と異なる複素数 $c = a + bi \in \mathbb{C}\ (a, b \in \mathbb{R})$ を公比とする等比数列の和の公式

$$\sum_{k=1}^{n} c^{k-1} = \begin{cases} \frac{1-c^n}{1-c} & (c \neq 1) \\ n & (c = 1) \end{cases}$$

を思い出しましょう。この式より無限級数

$$\sum_{k=0}^{\infty} c^k$$

が収束するのは $|c| = \sqrt{a^2 + b^2} < 1$ のときに限ることがわかりますから、数列 $c_n = c^{-n}\ (n = 0, 1, 2, \dots)$ を係数とする無限級数

$$f(x) = \sum_{n=0}^{\infty} c_n x^n$$

を考えると、$-|c| < x < |c|$ のとき収束して開区間 $(-|c|, |c|)$ 上の複素数値関数 $\left(1 - \frac{x}{c}\right)^{-1}$ を定義することがわかります。また、x が複素数でも収束するので、

$$D = \{z = x + yi \in \mathbb{C} \mid x^2 + y^2 < |c|^2\}$$

上の関数と思えば、関数の無限級数表示を得ることで定義域を複素数まで広げたと考えることができます。ここで、

$$c = \frac{c_n}{c_{n+1}}$$

に注目しておきましょう。

定義 7.1　複素数列 $\{a_n \mid n = 0, 1, 2, \ldots\}$ に対し無限級数

$$f(x) = \sum_{n=0}^{\infty} a_n x^n$$

を**冪級数**と呼ぶ。正の実数 $r > 0$ が存在して、$|x| > r$ のとき収束せず、$|x| < r$ のとき収束するならば、r を冪級数 $f(x)$ の**収束半径**と呼ぶ。

　前章で逆三角関数を積分表示しましたが、冪級数は関数のもうひとつの表示の仕方であり、微分方程式の級数解法などに有用です。大学では収束半径の計算方法や冪級数の和の順序交換、項別微分可能性について学びます。

定理 7.2　複素数列 $\{a_n \mid n = 0, 1, 2, \ldots\}$ に対し極限値

$$\lim_{n \to \infty} \frac{|a_n|}{|a_{n+1}|} = r > 0$$

が存在するならば、冪級数

$$f(x) = \sum_{n=0}^{\infty} a_n x^n$$

の収束半径は r であり、$-r < x < r$ ならば冪級数の各項の和の順序を変えても同じ $f(x)$ に収束する。

　このとき、$f(x)$ は開区間 $(-r, r)$ 上で定義された微分可能関数になり、導関数が冪級数表示

$$f'(x) = \sum_{n=1}^{\infty} n a_n x^{n-1}$$

をもつ。さらに、$f(x)$ の定義域を複素平面内の開円板

$$D = \{z = x + yi \in \mathbb{C} \mid |z| = \sqrt{x^2 + y^2} < r\}$$

まで広げることができる。とくに、

$$\lim_{n \to \infty} \frac{|a_n|}{|a_{n+1}|} = \infty$$

ならば、$f(x)$ は複素平面上の関数に延長される。

7.2 指数関数と三角関数のマクローリン展開

開区間 (a, b) 上の関数 $f(x)$ が無限回微分可能とします。このとき、$f(x)$ を n 回微分した関数を $f^{(n)}(x)$ と書きます。$a < c < b$ に対し無限級数

$$\sum_{n=0}^{\infty} \frac{f^{(n)}(c)}{n!} (x - c)^n$$

を $x = c$ における $f(x)$ の**テーラー級数**と呼びます。$c = 0 \in (a, b)$ のときは慣習によりテーラー級数を**マクローリン級数**と呼びます。

定義 7.3　開区間 (a, b) 上の関数 $f(x)$ が無限回微分可能とする。$f(x)$ の $x = c$ におけるテーラー級数が収束半径 $r > 0$ をもち、$x = c$ を含むある開区間で $f(x)$ に一致するとき、$f(x)$ が $x = c$ において**解析的**であるという。定義域のすべての点で解析的な関数を**解析関数**と呼ぶ。

◆**例 7.4**　実数全体で定義された関数

$$f(x) = \begin{cases} e^{-1/x} & (x > 0) \\ 0 & (x \leq 0) \end{cases}$$

は無限回微分可能になることが証明できます。さらに、$f^{(n)}(0) = 0$ となることがわかります。ゆえに、マクローリン級数は恒等的に 0 の定数関数です。この関数は原点を含むいかなる開区間でも $f(x)$ に一致しませんから、$f(x)$ は原点で解析的ではありません。

例 7.4 はマクローリン級数が収束しますが、収束半径が 0、すなわ

ち原点以外で収束しないマクローリン級数をもつ無限回微分可能な関数も存在します。

◆**例 7.5**　$f(x) = e^x$ とすると $f^{(n)}(x) = e^x$ なので、指数関数のマクローリン級数は

$$g(x) = \sum_{n=0}^{\infty} a_n x^n, \quad a_n = \frac{1}{n!}$$

で与えられます。収束半径は

$$\lim_{n \to \infty} \frac{|a_n|}{|a_{n+1}|} = \lim_{n \to \infty} (n+1) = \infty$$

なので、$g(x)$ は複素平面全体で定義された関数になります。

　しかし、実数に定義域を制限したときに $g(x)$ が元の関数 $f(x) = e^x$ に一致するかどうかが問題ですから、一致することを確かめましょう。収束半径が ∞ なので、定理 7.2 より、任意の $x \in \mathbb{R}$ に対して

$$g'(x) = \sum_{k=1}^{\infty} \frac{1}{(k-1)!} x^{k-1} = g(x), \quad g(0) = 1$$

となります。そこで、$F(x) = e^{-x} g(x) - 1$ とおけば、$F'(x) = 0$、$F(0) = 0$ より、$F(x) = 0$ で、

$$e^x = \sum_{n=0}^{\infty} \frac{1}{n!} x^n$$

が得られます。$x = c$ に平行移動して指数法則を用いれば、$x = c$ におけるテーラー級数が得られ e^x に一致するので、指数関数が解析関数とわかります。

　指数関数の定義域を複素数全体に拡張できたので、$\theta \in \mathbb{R}$ に対し $e^{i\theta}$ を考えることができて、和の順序を交換すると、定理 7.2 より

$$e^{i\theta} = \sum_{n=0}^{\infty} \frac{1}{n!}(i\theta)^n = \sum_{k=0}^{\infty} \frac{1}{(2k)!}(i\theta)^{2k} + \sum_{k=0}^{\infty} \frac{1}{(2k+1)!}(i\theta)^{2k+1}$$

$$= \sum_{k=0}^{\infty} \frac{1}{(2k)!}(-1)^k\theta^{2k} + \sum_{k=0}^{\infty} \frac{1}{(2k+1)!}(-1)^k i\theta^{2k+1}$$

$$= \left(\sum_{k=0}^{\infty} \frac{1}{(2k)!}(-1)^k\theta^{2k}\right) + \left(\sum_{k=0}^{\infty} \frac{1}{(2k+1)!}(-1)^k\theta^{2k+1}\right)i$$

となります。

◆例 7.6　$f(x) = \cos x$ とすると、$(\cos x)' = -\sin x$, $(\sin x)' = \cos x$ より

$$f^{(2k)}(x) = (-1)^k \cos x, \quad f^{(2k+1)}(x) = (-1)^{k+1}\sin x$$

なので、余弦関数 $\cos x$ のマクローリン級数は

$$g(x) = \sum_{n=0}^{\infty} a_n x^{2n}, \quad a_n = \frac{(-1)^n}{(2n)!}$$

で与えられます。また、変数 x^2 に関する冪級数と思って収束半径を求めれば、収束半径が ∞ とわかります。定理 7.2 より、

$$g''(x) = \sum_{n=1}^{\infty} \frac{(-1)^n}{(2n-2)!}x^{2n-2} = -g(x), \quad g(0) = 1, \, g'(0) = 0$$

となりますから、

$$F(x) = (\cos x - g(x))^2 + (-\sin x - g'(x))^2$$

とおけば $F'(x) = 0$, $F(0) = 0$ となり、$F(x) = 0$ より

$$\cos x = \sum_{n=0}^{\infty} \frac{(-1)^n}{(2n)!}x^{2n}$$

が得られます。同様に考えれば、正弦関数 $\sin x$ に対して

$$\sin x = \sum_{n=0}^{\infty} \frac{(-1)^n}{(2n+1)!}x^{2n+1}$$

が得られます。$x = c$ に平行移動して三角関数の加法定理を用いれば、余弦関数と正弦関数が解析関数とわかります。

7.3 オイラーの公式

例 7.5, 7.6 より有名なオイラーの公式

$$e^{i\theta} = \cos\theta + i\sin\theta \quad (\theta \in \mathbb{R})$$

が得られます。θ が複素数でも成り立ちます。この公式において $\theta = \pi$ とすると

$$e^{i\pi} = -1$$

になりますが、人類が長い時間をかけて発見してきた 3 つの数、すなわち虚数単位 i とネイピアの数 $e = 2.718281828459045\cdots$ と円周率 $\pi = 3.14159265358979\cdots$ が同時に現れているので、簡潔で美しい等式と思う人も多いようです。オイラーの公式から次の公式も得られます。

$$\cos x = \frac{e^{ix} + e^{-ix}}{2}, \quad \sin x = \frac{e^{ix} - e^{-ix}}{2i}$$

7.4 円周率の種々の公式

実数 $\alpha \in \mathbb{R}$ に対し、$f(x) = (1+x)^\alpha = \exp(\alpha \log(1+x))$ のマクローリン級数を考えます。すると、収束半径が 1 になり、

$$(1+x)^\alpha = \sum_{n=0}^{\infty} \frac{\alpha(\alpha-1)\cdots(\alpha-n+1)}{n!} x^n \quad (-1 < x < 1)$$

が成り立つことを証明できます。そこで、十分小さな正の実数 $\epsilon > 0$ をとり、

$$\frac{1}{\sqrt{1-z^2}} = \sum_{n=0}^{\infty} \frac{(-1)(-3)\cdots(-2n+1)}{2^n n!} (-1)^n z^{2n}$$

$$= \sum_{n=0}^{\infty} \frac{(2n-1)(2n-3)\cdots 3 \cdot 1}{(2n)(2n-2)\cdots 4 \cdot 2} z^{2n} = \sum_{n=0}^{\infty} \frac{(2n-1)!!}{(2n)!!} z^{2n}$$

を区間 $0 \leq z \leq 1 - \epsilon$ で項別積分してから ϵ を 0 に近づけましょう。話が高度になってきましたが、実は次のアーベルの定理が成り立つので、円周率の無限級数表示

$$\pi = 2 \sum_{n=0}^{\infty} \frac{(2n-1)!!}{(2n+1)(2n)!!}$$

が得られます。

定理 7.7（アーベルの定理）　$\sum_{n=0}^{\infty} a_n x^n$ の収束半径が r であり、$\sum_{n=0}^{\infty} a_n r^n$ が収束するならば

$$\lim_{\epsilon \to +0} \sum_{n=0}^{\infty} a_n (r - \epsilon)^n = \sum_{n=0}^{\infty} a_n r^n$$

が成り立つ。ここで $\epsilon \to +0$ とは、$\epsilon > 0$ として ϵ を 0 に近づけることを意味する。

　円周率に関する公式は山のようにあります。たとえば、円周率の定義において

$$t = \frac{x}{\sqrt{1+x^2}}$$

と変数変換すると

$$\pi = 2 \int_0^1 \frac{1}{\sqrt{1-t^2}} dt = 2 \int_0^1 \frac{1}{1+x^2} dx + 2 \int_1^{\infty} \frac{1}{1+x^2} dx$$

$$= 4 \int_0^1 \frac{1}{1+x^2} dx$$

になります。$x = \tan y$ を考えると、命題 6.10 と $\cos^2 y + \sin^2 y = 1$ と商の微分法より

$$\frac{dx}{dy} = 1 + \tan^2 y = 1 + x^2$$

となります。$x = \tan y$ のとき、逆正接関数を $y = \mathrm{Arctan}\, x$ と定義し

ます。すると、

$$\int_0^1 \frac{1}{1+x^2}dx = \int_0^1 \frac{dy}{dx}dx = [\mathrm{Arctan}\,x]_0^1 = \frac{\pi}{4}$$

という計算ができます。他方で、等比級数の和の公式を用いて、

$$\int_0^1 \frac{dx}{1+x^2} = \lim_{\epsilon \to +0} \int_0^{1-\epsilon} \frac{dx}{1+x^2} = \lim_{\epsilon \to +0} \sum_{n=0}^{\infty} \int_0^{1-\epsilon} (-1)^n x^{2n} dx$$

にアーベルの定理を適用するとライプニッツの公式

$$\frac{\pi}{4} = 1 - \frac{1}{3} + \cdots + \frac{(-1)^n}{2n+1} + \cdots$$

が得られます。その他、大学初年次に重積分の置換積分法の応用として公式

$$\int_{-\infty}^{\infty} e^{-\frac{x^2}{2}}dx = \sqrt{2\pi}$$

を学び、正規分布を考えるときの基本であると教わることでしょう。

7.5 2013 年度大阪大学前期理系入試問題

　円周率 π の無限級数表示が得られたところで、6.2 節で触れた高校数学での $\lim_{\theta \to 0} \frac{\sin\theta}{\theta} = 1$ の証明にまつわる循環論法の話題に戻りましょう。

　大阪大学の学部入学試験において、

$$\lim_{\theta \to 0} \frac{\sin\theta}{\theta} = 1$$

を証明せよ、という問題が出題されました。教科書にある証明は、単位円の中心角 θ が十分小さい扇形の面積を三角形の面積で挟んで、不等式

$$\frac{1}{2}\sin\theta \leq \frac{1}{2}\theta \leq \frac{1}{2}\tan\theta$$

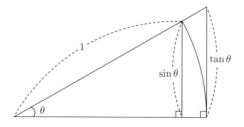

を導き（角度は弧度法なので θ は扇形の円弧の弧長）この不等式を変形して

$$\cos\theta \leq \frac{\sin\theta}{\theta} \leq 1$$

としたうえで挟みうちを実行する方針で進みます。しかし、この教科書の証明については昔から問題があり、掟破りの出題に対して予備校関係者を中心に多くの批判がありました。

　批判の要点は高校数学の範囲での論理的整合性にあります。高校数学なので、面積の存在については深入りせず物理的な常識をもとに認めることとしましょう。両端の三角形の面積

$$\frac{1}{2}\sin\theta, \quad \frac{1}{2}\tan\theta$$

については問題がありません。中央項にある扇形の面積ですが、円の面積公式を認めれば、合同な図形の面積が等しいという事実を用いることで、扇形の面積が

$$\pi r^2 \times \frac{\theta}{2\pi} = \frac{1}{2}r^2\theta$$

と求まるので、要は円の面積公式を認めるかどうかになります。

　しかしながら、半径 r の円の面積が πr^2 であるというのは中学までに刷り込まれた知識で、円周率と同じように、物理的な体験を通じて信じ込まされてきているものなのです。初等幾何学で証明をするとす

れば、アルキメデスの取りつくし法[6]に従い背理法で証明する必要が
ありますが、アルキメデスの証明は教えないのですから、論理ではな
く体験を通じて信じ込まされているとしか言えないわけです。教育的
な配慮によるものなので、批判しないという選択肢もあるかもしれま
せん。しかし中学までに円の面積公式をどう指導しているかを振り返
ると、事態が深刻であることに気づきます。

　中学までの指導法では、円を中心角が $\dfrac{\pi}{n}$ の扇形 $2n$ 個に分割して、
互い違いに扇形を並べていくことで、円の面積が、底辺の長さが円周
の半分で高さが円の半径である平行四辺形の面積で近似できることに
気づかせることにより、円の面積公式を納得させるというものです。

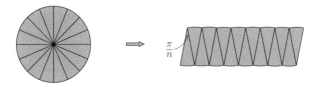

　しかしこれを高校数学で必要とされる数学的厳密さで解釈すると、
円の半径を 2 辺としこの 2 辺の挟む角を $\dfrac{\pi}{n}$ とする二等辺三角形 2 個
を互い違いに並べて得られる平行四辺形を考え、この平行四辺形の面
積の n 倍

$$r^2 \sin\left(\frac{\pi}{n}\right) \times n = \pi r^2 \frac{\sin\left(\frac{\pi}{n}\right)}{\frac{\pi}{n}}$$

において $n \to \infty$ と極限をとるという話になります。しかしながら、
この極限の計算に

$$\lim_{\theta \to 0} \frac{\sin \theta}{\theta} = 1$$

を必要とするので、証明に何かしらの修正を施さない限り、教科書の
証明は循環論法ではないか、という批判が出るのはしごく当然のこと

---

[6] アルキメデスは、直角を挟む 2 辺の長さが半径 r と円周 $2\pi r$ であるような直角三角
　形の面積 $\frac{1}{2}(2\pi r)r = \pi r^2$ が円の面積に等しいことを、背理法で証明しました。すな
　わち、円の面積 S が $S > \pi r^2$ と仮定して矛盾を導き、$S < \pi r^2$ と仮定して矛盾を
　導いたのです。

でしょう。大学教員の中には、高校数学なのだからこの程度の瑕疵は
かまわない、という意見もあるようです。しかし、高校数学といえど
も論理を学ぶ科目に変わりはないわけですし、教員も数学で学ぶのは
論理的思考力だと強調しているわけですから、自らの言説を見事に裏
切っているわけです。

7.6 解決策

すでに説明したように、積分の理論をあらかじめ整備しておいて、
角度や面積をこの数学モデルの中で定義しておけば循環論法にはなり
ません。6.2 節では $-\dfrac{\pi}{2} < \theta < \dfrac{\pi}{2}$ のとき

$$\theta = \mathrm{Arcsin}\, y = \int_0^y \frac{1}{\sqrt{1-z^2}} dz = F(y)$$

の逆関数が $y = \sin\theta$ なので

$$\lim_{\theta\to 0}\frac{\sin\theta}{\theta} = \lim_{y\to 0}\frac{y}{\mathrm{Arcsin}\, y} = \lim_{y\to 0}\frac{y}{F(y)} = \frac{1}{F'(0)} = 1$$

という証明を与えました。教科書に載っている証明のように扇形の面
積を使って考えるならば、積分を用いた面積の定義に従って y 軸方向
の積分で考えることで、

$$S = \int_0^y \left(\sqrt{1-z^2} - \frac{\sqrt{1-y^2}}{y}z\right) dz = \int_0^y \sqrt{1-z^2}\, dz - \frac{1}{2}y\sqrt{1-y^2}$$

が中心角 θ で半径 1 の扇形の面積になりますから、部分積分の公式
より

$$S = \frac{1}{2}y\sqrt{1-y^2} - \int_0^y \frac{1-z^2-1}{\sqrt{1-z^2}} dz = -S + \mathrm{Arcsin}\, y = -S + \theta$$

となることに注意すれば、循環論法に陥ることなく扇形の面積が $\dfrac{1}{2}\theta$
とわかります。

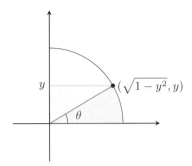

注 7.1　扇形の面積公式 $\dfrac{1}{2}\theta$ の導出において、

$$S = \int_0^y \left(\sqrt{1-z^2} - \frac{\sqrt{1-y^2}}{y} z \right) dz$$

を $z = \sin\varphi$ と置換積分しないように注意しましょう。置換積分すると正弦関数の微分を使うことになりますが、高校数学では正弦関数の微分を

$$
\begin{aligned}
(\sin x)' &= \lim_{h\to 0} \frac{\sin(x+h) - \sin x}{h} \\
&= \lim_{h\to 0} \frac{-\sin x(1-\cos h) + \cos x \sin h}{h} \\
&= -\sin x \lim_{h\to 0} \frac{1-\cos^2 h}{(1+\cos h)h} + \cos x \lim_{h\to 0} \frac{\sin h}{h} \\
&= -\sin x \lim_{h\to 0} \frac{\sin h}{1+\cos h} \frac{\sin h}{h} + \cos x \lim_{h\to 0} \frac{\sin h}{h}
\end{aligned}
$$

と導出するので、$\displaystyle\lim_{\theta\to 0} \frac{\sin\theta}{\theta} = 1$ の証明に使うと循環論法になってしまうからです。

　循環論法にならないためには前述のように円の面積を別の方法で導出する必要があるのでした。高校数学では物理的直感に頼る部分があってもよいのですから、単位円の半径を n 等分して、半径が

$$\frac{k}{n} \le r \le \frac{k+1}{n}$$

の範囲を動いて得られるドーナツ状の図形の面積を、長辺が内側の円周の長さで与えられる長方形の面積、つまり

$$2\pi\frac{k}{n} \times \frac{1}{n}$$

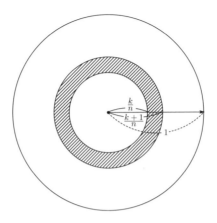

で近似することは許されるでしょう。すると、単位円の面積が

$$\sum_{k=0}^{n-1} 2\pi \frac{k}{n} \frac{1}{n}$$

と近似されますから、$n \to \infty$ とすれば、区分求積法により

$$\lim_{n\to\infty} \sum_{k=0}^{n-1} 2\pi \frac{k}{n} \frac{1}{n} = \int_0^1 2\pi r dr = \left[\pi r^2\right]_0^1 = \pi$$

と単位円の面積が求まります。そして、円周と円弧の長さの比で単位円と扇形の面積の比が決まることを認めれば扇形の面積公式が求まります。

しかし、そもそも円周率は長さを用いて定義されているのですから、面積ではなく曲線の長さを比較すれば、区分求積法を使わずとも初等幾何の範囲で循環論法を避けることができます。下図の扇形を考えます。ただし、半径が 1 で中心角が 2θ だとします。

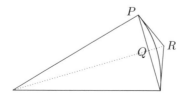

扇形の円弧の両端の点のあいだの距離は $2\sin\theta$ ですから、扇形の弧長 2θ と比較することで不等式 $\sin\theta \leq \theta$ が得られます。

　他方で、円弧の両端の各点に対し原点と結ぶ辺に直交する線分を考え、このふたつの線分の交点を R とします。R を経由して円弧の両端の点を結ぶ折れ線を考えると、折れ線の長さは $2\tan\theta$ です。このとき不等式 $\theta \leq \tan\theta$ を得たいのですが、そのために線分 PQ を $P = P_0,\ldots,P_n = Q$ と n 等分し、P_k と P_{k+1} の各々で PQ に垂直な線分を書いてみましょう。

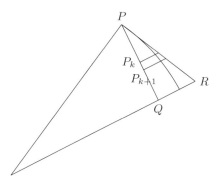

P_k を始点とする PQ に垂直な線分が円弧と交わる点を I_k、線分 PR と交わる点を J_k とします。

　線分 $I_k I_{k+1}$ の傾きは I_k を接点とする円弧の接線の傾きで近似されますが、I_k を接点とする接線は P を接点とする円弧の接線を回転して得られますから、線分 PR を回転することで I_k を接点とする円弧の接線の傾きがわかります。そこで、線分 $I_k I_{k+1}$ の傾きを線分 PR の傾きと比較することにより線分の長さの不等式 $I_k I_{k+1} < J_k J_{k+1}$ がわかります。円弧の長さは

$$\sum_{k=0}^{n-1} I_k I_{k+1} < \sum_{k=0}^{n-1} J_k J_{k+1} = PR = \tan\theta$$

の左辺の和で近似できるので、$n \to \infty$ とすれば不等式 $\theta \leq \tan\theta$ が得られます。

　この議論は高校数学の範囲での証明なので、まだ図に頼っています
が、循環論法が露わに見える証明よりだいぶん納得しやすい証明だと
思います。ちなみに、円弧の長さと線分 PR の長さの比較を積分で考
えれば、$y = \sin\theta$ として

$$\theta = \int_0^y \frac{1}{\sqrt{1-z^2}} dz \leq \int_0^y \frac{1}{\sqrt{1-y^2}} dz = \frac{y}{\sqrt{1-y^2}} = \frac{\sin\theta}{\cos\theta} = \tan\theta$$

と正当化できます。$\dfrac{\sin\theta}{\theta}$ が偶関数であることに注意すれば、θ が十分
小さいとき

$$\cos\theta \leq \frac{\sin\theta}{\theta} \leq 1$$

になります。ゆえに、はさみうちにより

$$\lim_{\theta \to 0} \frac{\sin\theta}{\theta} = 1$$

が得られます。

8章

あとがきに代えて

8.1 バナッハ・タルスキーの定理

ユークリッド空間の数学モデルと現実世界とを同一視することはできないということをより強く実感してもらうために、最後に不思議な定理を紹介しておきましょう。

中学ではユークリッド幾何学を学びますが、その中でも、三角形の合同条件を詳しく学んだと思います。平行移動、点を中心とする回転、直線に関する線対称移動は長さと角度を変えないで図形を移動させます。この3種類の移動を繰り返して得られる移動を合同変換による移動と呼ぶのでした。空間の場合も同様で、平行移動、平面内での回転、平面に関する面対称移動を繰り返して得られる移動を合同変換による移動と呼びます。次の定理 8.1 は、この合同変換に関する不可思議な定理であるバナッハ・タルスキーの定理が成り立つ具体例をひとつ取り上げて述べたものです。

定理 8.1 空間内の半径 1 の球体

$$B = \{(x, y, z) \in \mathbb{R}^3 \mid x^2 + y^2 + z^2 \leq 1\}$$

を有限個の部分集合の和に分割したのち、各部分集合を合同変換で移動させて別の方法で組み合わせると、半径 1 の球体を 2 個作ることができる。

　一見すると、魔法のような方法で物質を何倍にも増やしていけると主張しているようにも見えますから、物理的にはありえない主張ですね。物理では体積をもたない図形は考えませんから、操作の前と後を較べると体積が保存されず矛盾だと思うかもしれませんが、われわれはあくまでユークリッド空間の数学モデルを考えているのですから、$\mathbb{R}^3$ にはもっとたくさんの図形が存在していて、その中には体積が定義されない図形もあるのです。つまり、$B = B_1 \cup \cdots \cup B_r$ と有限個の部分集合の和に分割したとき、B の体積は

$$\mathrm{Vol}(B) = \frac{4}{3}$$

ですが、$\mathrm{Vol}(B) = \sum_{i=1}^{r} \mathrm{Vol}(B_i)$ と書こうとしても $\mathrm{Vol}(B_i)$ が定義されていないので意味のある等式にはなりません。

　このように不思議な集合 B_i をどう構成すればよいのでしょうか。B_i の定義には選択公理が使われます。つまり、B_i が存在することはわかるけれど、B_i を具体的な方法で構成できない、ということになります。

　バナッハ・タルスキーの定理について詳しく知りたい方は、たとえば岩波科学ライブラリーの1冊

　　砂田利一著「バナッハ-タルスキーのパラドックス」
　　（岩波書店）

をご覧ください。また、

　　志賀浩二著「無限からの光芒——ポーランド学派の数学者たち」
　　（日本評論社）

は無限と正面から向き合ったポーランド学派について書かれたおもしろい読み物で、後半第2部でバナッハ・タルスキーの定理の証明の概略を説明しています。

8.2 選択公理

　選択公理は、数学の危機とも呼ばれた 20 世紀初頭の集合論をめぐる混乱の時代に生まれました。よく知られているように、ヒルベルトの意見が採用されることになり、現代数学はこの公理を採用して論理を展開するようになりました。他方で、考える対象を計算可能なものに限定する考え方もあり、何が計算可能かについての合意があります。この合意をチャーチ・チューリングのテーゼと呼びます。

　大学で数学科に進むと、選択公理とそのいろいろな言い換えを学ぶことになります。選択公理の内容は単純で、空でない集合の集まりが与えられたとき、各々の集合から代表者をひとつ選ぶことができる、ということを主張しています。無限直積を使えば次の定義になります。

定義 8.2　$\{S_\lambda \mid \lambda \in \Lambda\}$ を Λ でラベル付けされている集合の集まりとする。$S_\lambda \neq \emptyset$ がすべての $\lambda \in \Lambda$ に対し成り立つとき、かならず

$$\prod_{\lambda \in \Lambda} S_\lambda \neq \emptyset$$

が成り立つことを要請する公理を**選択公理**と呼ぶ。

　Λ が有限集合ならば、順番に代表者 $x_\lambda \in S_\lambda$ を選んでいけば有限回の操作ののちすべての $\lambda \in \Lambda$ に対して代表者を選ぶことができますから $(x_\lambda)_{\lambda \in \Lambda} \in \prod_{\lambda \in \Lambda} S_\lambda$ となり、$\prod_{\lambda \in \Lambda} S_\lambda \neq \emptyset$ です。また、Λ が無限集合であっても、$f(\lambda) \in S_\lambda \ (\lambda \in \Lambda)$ をみたす関数

$$f : \Lambda \longrightarrow \bigcup_{\lambda \in \Lambda} S_\lambda$$

を具体的に与えている場合は問題なくすべての $\lambda \in \Lambda$ に対して代表者を選ぶことができますから $(f(\lambda))_{\lambda \in \Lambda} \in \prod_{\lambda \in \Lambda} S_\lambda$ となり、$\prod_{\lambda \in \Lambda} S_\lambda \neq \emptyset$ です。選択公理は、そのような具体的な関数を構成しなくても、すべての S_λ から一斉に代表者 $x_\lambda \in S_\lambda$ を選ぶことができることを要請しています。

　自然な要請と思いますが、選択公理を認めるとバナッハ・タルスキーの定理のような不思議な定理が証明されてしまいます。

　ここまで来れば、ユークリッド空間の数学モデルを現実世界の完全な代用物として受け入れることを相当躊躇するのではないでしょうか。

　力学の講義ではニュートンが採用した空間の数学モデルから演繹される多くの定理のうち、物理的に妥当と思えないものは受け入れないのです。つまり数学モデルの外側に定理を取捨選択する判断基準があるのです。数学は論理的に正しい証明で演繹される定理はすべて受け入れますが、他方で物理的な直感からくる論理展開を排除して定義から論理的に演繹される証明のみを認めるために、弧度法や三角関数のような一見自明と思われる概念の正当化に四苦八苦するのです。最近は大学でもやさしい教科書が人気で、多変数の微分積分の計算方法の説明以外は扱われないかもしれませんが、もし大学での微分積分学の講義が何をやっているのかさえわからないと感じるようでしたら、高校では曖昧だった概念の論理的正当化の努力を説明している講義なのかもしれません。

　論理だけで動く仮想世界の構築に四苦八苦する数学、そしてそのような努力の中から新しい概念を得て、正しい定義と正しい論証を作る数学、という視点で純粋数学を眺めていただけると幸いです。

索　引

【著者紹介】

有木 進（ありきすすむ）

1989 年 3 月　東京大学大学院理学系研究科 修了
1989 年 4 月　東京商船大学商船学部 講師
1990 年 4 月　東京商船大学商船学部 助教授
2002 年 4 月　京都大学数理解析研究所 准教授
2010 年 4 月　大阪大学大学院情報科学研究科 教授
2023 年 4 月—現在　大阪大学 名誉教授

著　書　『工学がわかる線形代数』(日本評論社，2000)
　　　　『加群からはじめる代数学入門』(日本評論社，2021)

高校数学の不都合な真実
—素因数分解と円周率のはなし—
Inconvenient Truth in
Highschool Mathematics

2024 年 3 月 5 日　初版 1 刷発行

著　者　有木 進　ⓒ2024

発行者　南條光章

発行所　**共立出版株式会社**

〒112-0006
東京都文京区小日向 4 丁目 6 番 19 号
電話 03-3947-2511（代表）
振替口座 00110-2-57035
www.kyoritsu-pub.co.jp

印　刷　加藤文明社
製　本　ブロケード

検印廃止
NDC 410

ISBN 978-4-320-11556-9

一般社団法人
自然科学書協会
会員

Printed in Japan